JN041005

第1章 正負の数　　　**1 正負の数**

穴埋めで確認！

● **数の分類**

① 0より大きい数を〔正の数〕といい，〔正〕の符号〔+〕をつけて表す。

② 0より小さい数を〔負の数〕といい，〔負〕の符号〔−〕をつけて表す。

③ 整数は次のように分類される。

整数　……，−4，−3，−2，−1，0，1，2，3，4，……

〔負〕の整数　　　　　〔正〕の整数（〔自然数〕）

● **正負の数で表す**

① 反対の性質をもつ量は，正の数，負の数を使って表すことができる。

例 北へ8km行くことを+8kmと表すと，−5kmは，〔南へ5km行くこと〕を表す。

例 クラスの平均身長159cmを基準としてそれより高いことを正の数，低いことを負の数
で表すと，161cmは〔+2cm〕，153cmは〔−6cm〕と表される。

● **数の大小**

① 下のような数の線を〔数直線〕といい，0が対応している点を〔原点〕という。数直線の右
の方向を〔正の〕方向，左の方向を〔負の〕方向といい，右に行くほど数は〔大きく〕なる。

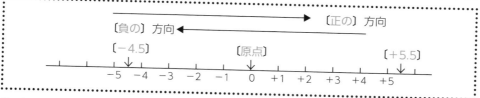

〔負の〕方向　　　　　　　　〔正の〕方向

〔−4.5〕　　　　〔原点〕　　　　　〔+5.5〕

−5 −4 −3 −2 −1 0 +1 +2 +3 +4 +5

② 数直線上で，ある数に対応する点と原点との距離を，その数の〔絶対値〕という。

例 +3の絶対値は〔3〕，　　+2.4の絶対値は〔2.4〕，　　0の絶対値は〔0〕，

−7の絶対値は〔7〕，　　$-\dfrac{3}{5}$の絶対値は $\left[\dfrac{3}{5}\right]$

もくじ

教科書対照表 下記専用サイトをご確認ください。

https://www.obunsha.co.jp/service/teikitest/

S T A F F

編集協力	有限会社マイプラン
校正	株式会社ぷれす／山下聡／吉川貴子
装丁デザイン	groovisions
本文デザイン	大滝奈緒子（ブラン・グラフ）

本書の特長と使い方

本書の特長

1 STEP 1 **要点チェック**, STEP 2 **基本問題**, STEP 3 **得点アップ問題**の3ステップで, 段階的に定期テストの得点力が身につきます。

2 スケジュールの目安が示してあるので, 定期テストの範囲を1日30分×7日間で, 計画的にスピード完成できます。

3 コンパクトで持ち運びしやすい「+10点暗記ブック」&赤シートで, いつでもどこでも, テスト直前まで大切なポイントを確認できます。

STEP 1 要点チェック
テスト1週間前から確認!

単元の要点をまとめたページです。テスト範囲の大事なポイントを確認しましょう。

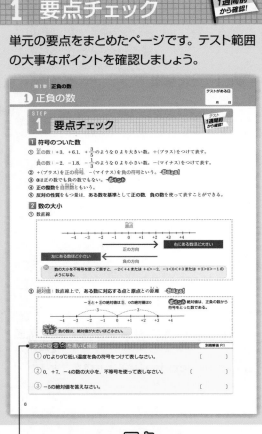

テストの要点を書いて確認
「要点チェック」の大事なポイントを, 書き込んで整理できます。

STEP 2 基本問題
テスト5日前から確認!

基本的な問題で単元の内容を確認しながら, 定期テストの問題形式に慣れるよう練習しましょう。

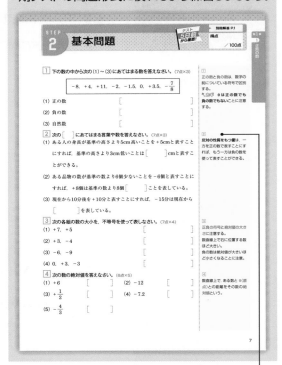

わからない問題は, 右のヒントやカギの内容を読んでから解くことで, 理解が深まります。

アイコンの説明

 これだけは覚えたほうがいい内容。

 難しい問題。
これが解ければテストで差がつく！

 テストで間違えやすい内容。

 その単元のポイントをまとめた内容。

 テストによくでる内容。
時間がないときはここから始めよう。

 実際の入試問題。定期テストに
出そうな問題をピックアップ。

STEP 3 得点アップ問題

テスト3日前から確認！

単元の総仕上げ問題です。テスト本番と同じように取り組んで，得点力を高めましょう。

アイコンで，問題の難易度などがわかります。

定期テスト予想問題

章末のまとめ問題です。
総合的な問題にチャレンジできます。

+10点 暗記ブック

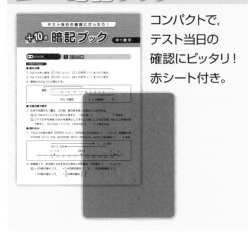

コンパクトで，テスト当日の確認にピッタリ！赤シート付き。

1 正負の数

STEP 1 要点チェック

テスト
1週間前
から確認!

1 符号のついた数

① 正の数：$+3$，$+6.1$，$+\dfrac{3}{5}$のような0より大きい数。$+$（プラス）をつけて表す。

　　負の数：-2，-1.8，$-\dfrac{1}{3}$のような0より小さい数。$-$（マイナス）をつけて表す。

② $+$（プラス）を正の符号，$-$（マイナス）を負の符号という。おぼえる!

③ 0は正の数でも負の数でもない。ポイント

④ 正の整数を自然数ともいう。

⑤ 反対の性質をもつ量は，ある数を基準として正の数，負の数を使って表すことができる。

2 数の大小

① 数直線

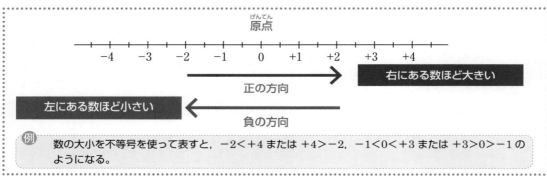

例　数の大小を不等号を使って表すと，$-2<+4$ または $+4>-2$，$-1<0<+3$ または $+3>0>-1$ のようになる。

② 絶対値：数直線上で，ある数に対応する点と原点との距離　おぼえる!

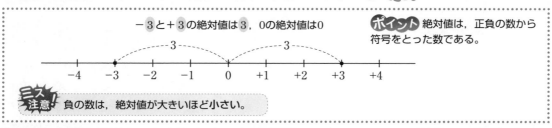

-3と$+3$の絶対値は3，0の絶対値は0

ポイント 絶対値は，正負の数から符号をとった数である。

ミス注意! 負の数は，絶対値が大きいほど小さい。

テストの 要点 を書いて確認

別冊解答 P.1

① 0℃より9℃低い温度を負の符号をつけて表しなさい。　　　〔　　　　　〕

② 0，$+7$，-4の数の大小を，不等号を使って表しなさい。　〔　　　　　〕

③ -5の絶対値を答えなさい。　　　　　　　　　　　　　　〔　　　　　〕

別冊解答 P.1

得点 ／100点

1 下の数の中から次の(1)～(3)にあてはまる数を答えなさい。(7点×3)

$$-8, \quad +4, \quad +11, \quad -2, \quad -1.5, \quad 0, \quad +3.5, \quad -\frac{7}{8}$$

(1) 正の数　　　　　　　[　　　　　　　]

(2) 負の数　　　　　　　[　　　　　　　]

(3) 自然数　　　　　　　[　　　　　　　]

2 次の[　]にあてはまる言葉や数を答えなさい。(7点×3)

(1) ある人の身長が基準の高さより5cm高いことを+5cmと表すことにすれば，基準の高さより3cm低いことは[　　　　]cmと表すことができる。

(2) ある品物の数が基準の数より6個少ないことを-6個と表すことにすれば，+8個は基準の数より8個[　　　　]ことを表している。

(3) 現在から10分後を+10分と表すことにすれば，-15分は現在から[　　　　　]を表している。

3 次の各組の数の大小を，不等号を使って表しなさい。(7点×4)

(1) +7，+5　　　　　　　　　[　　　　　　]

(2) +3，-4　　　　　　　　　[　　　　　　]

(3) -6，-9　　　　　　　　　[　　　　　　]

(4) 0，+3，-3　　　　　　　[　　　　　　]

4 次の数の絶対値を答えなさい。(6点×5)

(1) +6　　　[　　　　]　　(2) -12　　　[　　　　]

(3) $+\frac{1}{2}$　　[　　　　]　　(4) -7.2　　　[　　　　]

(5) $-\frac{4}{3}$　　　[　　　　]

1
正の数と負の数は，数字の前についている符号で区別する。
カギ 0は正の数でも負の数でもないことに注意する。

2
反対の性質をもつ量は，一方を正の数で表すことにすれば，もう一方は負の数を使って表すことができる。

3
正負の符号と絶対値の大きさに注意する。
数直線上で右に位置する数ほど大きい。
負の数は絶対値が大きいほど小さくなることに注意。

4
数直線上で，ある数と0(原点)との距離をその数の絶対値という。

STEP 3 得点アップ問題

得点 ／100点

1 次の □ にあてはまる数や言葉を答えなさい。(4点×5)

(1) 0より2.8小さい数は □ と表す。

(2) 5万円の収入を「＋5万円」と表すことにすれば，「－2万円」は □ 円の □ を表している。

(3) －9の絶対値は □ である。

(4) 絶対値が8である数は □ と □ である。

 (5) 絶対値が3より小さい整数は □ 個ある。

(1)		(2)		(3)	
(4)		(5)			

2 次の各組の数の大小を，不等号を使って表しなさい。(4点×5)

(1) ＋9，－10   (2) 0，－2   (3) ＋0.1，＋1

(4) －7.2，－9.1   (5) $+\dfrac{1}{3}$，$+\dfrac{1}{4}$

(1)		(2)		(3)	
(4)		(5)			

3 次の数を小さい順に並べ，大小を不等号を使って表しなさい。(5点×3)

(1) －7，＋4，－1

 (2) $+\dfrac{1}{3}$，＋0.3，$+\dfrac{2}{5}$

(3) －0.01，0，$-\dfrac{1}{10}$

(1)		(2)	
(3)			

4 下の数直線について，次の問いに答えなさい。

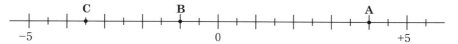

(1) 点A～Cに対応する数を答えなさい。(2点×3)

(2) 次の①～③の数に対応する点を上の数直線に書きなさい。(2点×3)

　① $+3$　　② $+0.5$　　③ $-\dfrac{3}{2}$

(3) 点A～Cと(2)の①～③の6個の数のうち，絶対値がもっとも大きい数と，絶対値がもっとも小さい数を記号で答えなさい。(3点)

(1)	A		B		C	
(3)	大きい数		小さい数			

5 下の数について，あとの問いに答えなさい。(6点×3)

$$+2,\quad +0.3,\quad +\frac{1}{5},\quad +1.5,\quad -2.4,\quad +3.1,\quad -\frac{3}{10},\quad -0.7$$

(1) 絶対値がもっとも大きい数を答えなさい。

(2) 絶対値が等しい数はどれとどれか。

(3) 絶対値がもっとも小さい数を答えなさい。

(1)		(2)	と	(3)	

6 下の表は，あるクラスで身長をはかったときのものである。((1)4点，(2)1点×8)

生徒	A	B	C	D	E	F	G	H
身長(cm)	154	162	166	172	150	167	158	175

(1) この生徒8人の身長の平均の値を求めなさい。

(2) (1)で求めた身長の平均の値を基準としたとき，A～Hの身長を，正・負の符号をつけて表しなさい。ただし，平均の値より高い場合は正の符号，低い場合は負の符号をつけ，単位は省略するものとする。

(1)		(2) A		B		C	
D		E		F		G		H	

2 加法と減法

STEP 1 要点チェック

1 加法と減法の計算

① **加法**：たし算のこと。結果は**和**という。　　**減法**：ひき算のこと。結果は**差**という。

② 加法の計算方法

・**同符号**の2つの数の和……絶対値の和に**共通の符号**をつける。

例 $(+3)+(+5)=+(3+5)=+8$,　$(-10)+(-2)=-(10+2)=-12$

・**異符号**の2つの数の和……絶対値の**大きいほうから小さいほう**をひき，

絶対値の**大きいほうの符号**をつける。

例 $(+5)+(-3)=+(5-3)=+2$,　$(+1)+(-6)=-(6-1)=-5$

・絶対値の等しい異符号の2つの数の和……**0**である。 おぼえる!

例 $(-4)+(+4)=0$,　$(+10)+(-10)=0$

③ 加法の計算法則

加法の交換法則：$a+b=b+a$

加法の結合法則：$(a+b)+c=a+(b+c)$

④ 減法の計算方法

・正の数，負の数をひくことは，**ひく数の符号を変えて加える**ことと同じである。

例 $(-3)-(+6)=(-3)+(-6)=-9$　$(+2)-(-7)=(+2)+(+7)=+9$

・**0**からある数をひくことは，**ひく数の符号を変える**ことと同じである。 ポイント

例 $0-(+4)=0+(-4)=-4$　$0-(-8)=0+(+8)=+8$

・どんな数から**0**をひいても，**差ははじめの数**になる。

例 $(+5)-0=+5$　$(-6)-0=-6$

2 加法と減法の混じった計算

① 加法と減法の混じった計算は，加法だけの式になおして計算する。

例　　$(+4)-(+5)+(-9)-(-2)$

$=(+4)+(-5)+(-9)+(+2)$

$=4-5-9+2$ ←

$=-8$

（　）と加法の記号「＋」をはぶく。

※ $+4$，-5，-9，$+2$ をこの式の**項**という。

テストの **要点** を書いて確認　　　　　　　　別冊解答 P.2

① 次の計算で，□ にあてはまる符号を入れなさい。

(1) $(+9)+(-5)=\boxed{}(9-5)=\boxed{}4$　　(2) $(+6)-(+2)=(+6)+(\boxed{}2)=\boxed{}4$

STEP 2 基本問題

---

1 次の計算をしなさい。(4点×8)

(1) $(+14)+(+7)$ 　　　　　[　　　　　]

(2) $(+4)+(-6)$ 　　　　　[　　　　　]

(3) $(-9)+(-12)$ 　　　　　[　　　　　]

(4) $(-13)+(+13)$ 　　　　　[　　　　　]

(5) $(+2.3)+(+3.4)$ 　　　　　[　　　　　]

(6) $(+3.3)+(-4.9)$ 　　　　　[　　　　　]

(7) $\left(+\dfrac{2}{3}\right)+\left(-\dfrac{1}{4}\right)$ 　　　　　[　　　　　]

(8) $\left(-\dfrac{1}{5}\right)+\left(-\dfrac{5}{6}\right)$ 　　　　　[　　　　　]

1 異符号の２つの数の和では，**答えの符号は絶対値の大きいほうの符号**である。
小数・分数の加法も整数の計算のやり方と同じである。

---

2 次の計算をしなさい。(4点×8)

(1) $(+9)-(+7)$ 　　　　　[　　　　　]

(2) $(-7)-(-1)$ 　　　　　[　　　　　]

(3) $(-13)-(+5)$ 　　　　　[　　　　　]

(4) $(+4)-(-16)$ 　　　　　[　　　　　]

(5) $(+3.8)-(+6.5)$ 　　　　　[　　　　　]

(6) $(-0.9)-(-3.1)$ 　　　　　[　　　　　]

(7) $\left(+\dfrac{1}{2}\right)-\left(+\dfrac{1}{4}\right)$ 　　　　　[　　　　　]

(8) $\left(-\dfrac{1}{3}\right)-\left(-\dfrac{3}{5}\right)$ 　　　　　[　　　　　]

2 正の数，負の数をひくことは，**その数の符号を変えて加えること**と同じである。
小数・分数の減法も整数の計算のやり方と同じである。

---

3 次の計算をしなさい。(6点×6)

(1) $(+15)+(+27)-(+30)$ 　　　　　[　　　　　]

(2) $(+16)+(-24)-(-13)$ 　　　　　[　　　　　]

(3) $(-16)-(+12)-(-15)$ 　　　　　[　　　　　]

(4) $-9+6-4$ 　　　　　[　　　　　]

(5) $-8-9+10-5$ 　　　　　[　　　　　]

(6) $13-(-8)-7+(-9)-15$ 　　　　　[　　　　　]

3 減法は加法になおして**加法だけの式**にする。

得点アップ問題

1 次の計算をしなさい。(2点×8)

(1) $(+2)+(+6)$

(2) $(+5)-(+9)$

(3) $(-7)-(+16)$

(4) $(+4)+(-7)$

(5) $(-3)+(-8)$

(6) $(-6)-0$

(7) $(-9)+(+8)$

(8) $(-18)-(-18)$

(1)		(2)		(3)		(4)	
(5)		(6)		(7)		(8)	

2 次の計算をしなさい。(3点×4)

(1) $(+8)+(-5)+(-7)$

(2) $(-17)+(+3)+(-6)$

(3) $(+2)-(-18)+(-11)$

(4) $(-26)-(-29)+(-35)$

(1)		(2)		(3)		(4)	

よくでる **3** 次の計算をしなさい。(3点×8)

(1) $-5+3$

(2) $1-4-9$

(3) $10+(-3)-12+(-9)$

(4) $0-(-7)+14+(-5)$

(5) $16-21+7-8$

(6) $(-9)-(-5)+6-2$

(7) $12-(-19)+0-25$

(8) $13-11-(-7)+(-6)$

(1)		(2)		(3)		(4)	
(5)		(6)		(7)		(8)	

4 次の計算をしなさい。(3点×8)

(1) $(-1.2)+(+4.3)$

(2) $(+2.8)-(-3)$

(3) $5.6-(-1.9)-4.8$

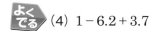 (4) $1-6.2+3.7$

(5) $\left(-\dfrac{1}{4}\right)+\left(+\dfrac{1}{5}\right)$

(6) $\left(-\dfrac{5}{6}\right)-\left(-\dfrac{2}{3}\right)$

 (7) $\dfrac{3}{4}+\left(-\dfrac{1}{2}\right)-\left(-\dfrac{1}{6}\right)$

(8) $-\dfrac{1}{2}-\dfrac{1}{3}+\dfrac{1}{5}$

(1)		(2)		(3)		(4)	
(5)		(6)		(7)		(8)	

5 次の計算をしなさい。(3点×8)

(1) $-12+8-6$

(2) $7.3-10+(-1.6)$

(3) $-5+\dfrac{5}{2}-1.5$

 (4) $10.8+(-7)-3.4$

(5) $-3.5-11.6-(-0.8)+(-6.7)$

(6) $\dfrac{1}{6}-\dfrac{5}{9}+1-\dfrac{2}{3}$

(7) $-\dfrac{5}{3}-1.8+6-\dfrac{1}{2}$

 (8) $-10.2+0.2-(-1.8)-3.46$

(1)		(2)		(3)		(4)	
(5)		(6)		(7)		(8)	

3 乗法と除法，正負の数の利用

STEP 1 要点チェック

テスト1週間前から確認！

1 乗法と除法の計算

① 乗法：かけ算のこと。結果は**積**という。　除法：わり算のこと。結果は**商**という。

② 乗法・除法の計算方法

+の符号ははぶいてもよい。

・**同符号**の2つの数の積・商……絶対値の積・商に**正の符号（＋）**をつける。

・**異符号**の2つの数の積・商……絶対値の積・商に**負の符号（－）**をつける。

・（正の数，負の数）×0＝0　　0×（正の数，負の数）＝0 ポイント

　0÷（正の数，負の数）＝0　　**どんな数も0でわることはできない。**

③ 累乗：同じ数をいくつかかけたもの。右かたに小さく書いた数（個数）を**指数**という。

$$\underbrace{2\times2\times2}_{3個}=2^3 \leftarrow 指数（2の3乗）$$

ミス注意！

$(-5)^2=(-5)\times(-5)=+25$

$-5^2=-(5\times5)=-25$

④ 逆数：2つの数の積が1になるとき，一方の数を他方の数の**逆数**という。

$\dfrac{3}{4}$ →逆数→ $\dfrac{4}{3}$　　-2 →逆数→ $-\dfrac{1}{2}$

0の逆数はない。

正負の数でわることは，その数の逆数をかけることと同じ。

2 計算法則

① 乗法の交換法則：$a\times b=b\times a$　　乗法の結合法則：$(a\times b)\times c=a\times(b\times c)$

② 分配法則：$(a+b)\times c=a\times c+b\times c, \ c\times(a+b)=c\times a+c\times b$

3 四則の混じった計算

① 加減と乗除の混じった計算では，**乗除を先に**計算する。

② かっこのある式の計算では，**かっこの中を先に**計算する。

③ 累乗のある式の計算では，**累乗を先に**計算する。

おぼえる！

加法，減法，乗法，除法をまとめて四則という。

4 数の集合と四則

① 自然数の集合では，**加法・乗法**の結果はいつも自然数である。

② 整数の集合では，**加法・減法・乗法**の結果はいつも整数である。

③ 数全体の集合では，四則の計算はいつでもできる。

5 素因数分解

① 素数：その数と1の他に約数をもたない数を**素数**という。1は素数にふくまれない。

② 自然数を素数だけの積の形で表すことを**素因数分解する**という。例 $50=2\times5\times5=2\times5^2$

テストの **要点** を書いて確認　　　　　　　　　別冊解答 P.5

① 次の計算をしなさい。

(1) $(-5)\times(+3)$ 〔　　　　　〕　(2) $(-20)\div(-5)$ 〔　　　　　〕　(3) 4^2 〔　　　　　〕

② 12を素因数分解しなさい。　　　　　　　　　　　　〔　　　　　　　　　〕

STEP 2 基本問題

別冊解答 P.5

得点 ／100点

---

1 次の計算をしなさい。(6点×5)

(1) $\left(-\dfrac{4}{15}\right) \times \left(+\dfrac{5}{8}\right)$　[　　　　]

(2) $(-1.6) \div (-0.4)$　[　　　　]

(3) $\dfrac{5}{12} \div \left(-\dfrac{5}{8}\right)$　[　　　　]

(4) $(-5) \times (-2)^2$　[　　　　]

(5) $-8^2 \div (-2)^3$　[　　　　]

2 次の計算をしなさい。(6点×4)

(1) $12 - 4 \times (-2)$　[　　　　]

(2) $1 - \dfrac{1}{3} \div \left(-\dfrac{2}{3}\right)$　[　　　　]

(3) $-28 \div (-2)^2 \times (-3^2)$　[　　　　]

(4) $\left(\dfrac{1}{2} - \dfrac{1}{3}\right) \times (-12)$　[　　　　]

3 自然数の集合と整数の集合について，加減乗除の計算がいつでもできる場合には○を，そうでない場合は×を表に書き入れなさい。ただし，**0**でわる除法は考えない。(3点×8)

	加法	減法	乗法	除法
自然数				
整　数				

4 A，B，C，D の4人が持っている画用紙の枚数は平均で**25枚**である。下の表は，平均枚数を基準にして，それより多い場合を正の数で，少ない場合を負の数で表したものである。4人の持っている画用紙の枚数をそれぞれ求めなさい。(4点×4)

A	B	C	D
+8	-5	-3	0

（単位：枚）

A [　　　　]
B [　　　　]
C [　　　　]
D [　　　　]

5 **100**を素因数分解しなさい。(6点)　[　　　　]

1
小数・分数の乗法・除法も整数と同じようにする。
カギ 積や商の符号をきめてから，絶対値の計算をする。
(3) わる数が分数のときは，逆数にして**かける**。
カギ
$(-a)^2 = (-a) \times (-a) = a^2$
$-a^2 = -(a \times a)$

2
計算の順序にはきまりがあるので，それにしたがって正しく計算する。
カギ 累乗やかっこの中を先に計算する。

3
計算がいつもできる。
➡計算の結果が，同じ集合の数になる。
自然数の集合では減法と除法が，整数の集合では除法が，いつでもできるとは限らない。

4
25枚を基準にして，それより何枚多いか，あるいは何枚少ないかを考えて，求める。

5
小さい素数で，順にわっていく。

得点アップ問題

1 次の数の逆数を答えなさい。(2点×4)

(1) -7　　　　(2) $\dfrac{1}{5}$　　　　(3) $-\dfrac{3}{4}$　　　　(4) -0.5

(1)		(2)		(3)		(4)	

よくでる 2 次の計算をしなさい。(2点×4)

(1) 6^2　　　　(2) $(-4)^2$　　　　(3) $(-1)^3$　　　　(4) $-2^2 \times (-3)^3$

(1)		(2)		(3)		(4)	

3 次の計算をしなさい。(3点×4)

(1) $(-8) \times 9 \times 25$

(2) $16 \times \left(\dfrac{3}{8} - \dfrac{1}{4} \right)$

(3) $17 \times 6 + 17 \times 4$

(4) $23 \times 14 - 9 \times 23$

(1)		(2)		(3)		(4)	

4 整数の集合と正の数の分数の集合で，次の計算がそれぞれの集合の中だけでいつでもできるのはどれか。記号で答えなさい。ただし，分数の集合には整数もふくまれるものとする。(4点×2)

ア $a+b$　　イ $a-b$　　ウ $a \times b$　　エ $a \div b$

整数	正の数の分数

5 次の数を素因数分解しなさい。(4点×2)

(1) 20　　　　　　　　　　　　　(2) 36

(1)		(2)	

よくでる 6 次の計算をしなさい。(3点×8)

(1) $5 \times (-9) \times 8$

(2) $(-15) \times 6 \div (-9)$

(3) $36 \div (-2) \div (-6)$

(4) $\dfrac{2}{3} \times \dfrac{5}{4} \div \left(-\dfrac{1}{2}\right)$

(5) $32 + 8 \times (-5)$

(6) $-10 - 10 \div (-2)$

(7) $3 \times (-7) + 2 \times (-5)^2$

(8) $(-2)^3 - (3-5) \times (-9)$

(1)		(2)		(3)		(4)	
(5)		(6)		(7)		(8)	

7 下の表は，1個 60g を基準にして 8 個の卵の重さを，基準より重い場合を正の数で，軽い場合を負の数で表したものである。次の問いに答えなさい。((1)3点，(2)5点)

基準との違い(g)	+5	-1	+2	0	-11	-4	+3	+14

(1) もっとも重い卵ともっとも軽い卵の差は何gか求めなさい。

(2) 8個の卵の平均の重さを求めなさい。

(1)		(2)	

8 次の計算をしなさい。(4点×6)

(1) $2 - \left(-\dfrac{1}{3}\right) \times \left(-\dfrac{6}{7}\right)$

(2) $\left(-\dfrac{2}{3}\right)^2 \times \dfrac{3}{4} \div \dfrac{1}{3}$

(3) $\left(-\dfrac{1}{2}\right)^3 - \left(-\dfrac{2}{5}\right)^2 \div \dfrac{8}{15}$

(4) $19 \times 18 - 23 \times 19 + 19 \times 5$

(5) $(-3) - \{(-8)^2 - (-5)^2\} \div 3$

 (6) $\dfrac{7}{6} \div (-0.5)^2 \times \left(\dfrac{1}{2} - 2^3\right)$

(1)		(2)		(3)		(4)	
(5)		(6)					

定期テスト予想問題

別冊解答 P.7

目標時間 **45**分

得点 ／100点

1 次の問いに答えなさい。(2点×4＝8点)

(1) 0より $\frac{2}{5}$ 小さい数を答えなさい。

 (2) $-\frac{10}{3}$ と $+\frac{10}{4}$ の間にある整数の個数を答えなさい。

(3) 絶対値が4より大きい整数のうち，もっとも大きい負の数を求めなさい。

(4) 次の数を小さい順に並べなさい。　　$\frac{1}{10}$, -0.25, 0, $-\frac{1}{5}$, 0.01, -1

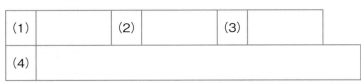

(1)		(2)		(3)	
(4)					

2 下の数直線について，次の問いに答えなさい。(2点×4＝8点)

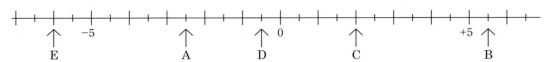

(1) 点A，Cに対応する数をそれぞれ答えなさい。

(2) 点Bと点Dのまん中の点にあたる数を答えなさい。

(3) 点A〜Eの中で，絶対値がもっとも大きい数と，絶対値がもっとも小さい数の積を求めなさい。

(1)	A		C		(2)		(3)	

3 次のア〜エのうち，計算した結果がもっとも小さいのはどれか，記号で答えなさい。(秋田)(4点)

　ア　$2+(-3)$　　　　イ　$2-(-3)$　　　　ウ　$2×(-3)$　　　　エ　$2÷(-3)$

4 次の数を素因数分解しなさい。(4点×2＝8点)

(1) 60　　　　　　　　　　　　　　(2) 126

(1)		(2)	

5 次の計算をしなさい。(3点×8=24点)

(1) $(+16)+(-28)$

(2) $(-56)-(-72)$

(3) $7-(-4)-12$

(4) $-9+11-8-5$

(5) $2.4+(-6.6)-(-1.3)$

(6) $-\dfrac{5}{4}+\dfrac{1}{2}-\left(-\dfrac{2}{3}\right)$

(7) $-\dfrac{3}{7}+(-3)+0.2$

(8) $-\dfrac{1}{6}+1-0.5$

(1)		(2)		(3)		(4)	
(5)		(6)		(7)		(8)	

6 次の計算をしなさい。(4点×9=36点)

(1) $(-8)\times(-25)$

(2) $(-4.7)\times0.3$

(3) $7.8\div(-6)$

(4) $(-6)\times(-5)\times(-4)$

(5) $(-3^2)\div\left(-\dfrac{6}{5}\right)$

(6) $12\times\left(-\dfrac{1}{4}\right)^2\times\dfrac{2}{3}$

入試に出る! (7) $40-2^2\times(-3)^2$ （佐賀）

(8) $18+(-5)\times2-3$

難 (9) $-\dfrac{1}{5}\div(-0.3)+(-0.5)^3\times\dfrac{5}{6}$

(1)		(2)		(3)		(4)	
(5)		(6)		(7)		(8)	
(9)							

7 ある店では，同じ製品を毎日 **140** 個ずつ作る計画で仕事をしている。作った製品が計画より多かった場合を正の数で，少なかった場合を負の数で表し，ある **6** 日間に作った個数の記録をとったものが下の表である。次の問いに答えなさい。(4点×3=12点)

曜日	月	火	水	木	金	土
個数	+6	-1	-3	0	+2	+8

(1) 月曜日の個数を答えなさい。

(2) 土曜日の個数は水曜日の個数より何個多いか答えなさい。

(3) この6日間の1日の平均個数を求めなさい。

(1)		(2)		(3)	

1 文字を使った式

STEP 1 要点チェック

テスト
1週間前
から確認!

1 文字を使った式の表し方

① 積の表し方

・文字の混じった乗法では，**乗法の記号×をはぶく**。例 $5 \times a = 5a$, $\quad (-9) \times x = -9x$

・文字と数の積では，**数を文字の前に書く**。例 $a \times (-3) = -3a$, $\quad (x+y) \times 7 = 7(x+y)$

・同じ文字の積は，**累乗の指数を使って表す**。例 $a \times a \times a = a^3$, $\quad x \times x \times y \times 2 = 2x^2 y$

② 商の表し方

・除法の記号÷を使わないで，**分数の形で書く**。例 $a \div 2 = \dfrac{a}{2}$, $\quad (x+y) \div 5 = \dfrac{x+y}{5}$

2 数量の表し方

① 速さ，道のり，時間：時速 a km で b 時間進んだときの道のり c km　　$a = \dfrac{c}{b}$ ポイント

② 割合：x **割** $= \dfrac{x}{10}$, $\quad a\% = \dfrac{a}{100}$ ポイント

③ 単位：a **m** $= 100a$ **cm** $= \dfrac{a}{1000}$ **km**, $\quad a$ **kg** $= 1000a$ **g**, $\quad x$ **分** $= \dfrac{x}{60}$ **時間** $= 60x$ **秒**

④ 円周率：円周率 $3.14\cdots$ を π と表す。π を使って円周の長さや円の面積を表すことができる。

3 式の値

① **式の値**：文字式の中の文字を数におきかえる（文字に数をあてはめる）ことを**代入**するといい，代入して計算した結果を**式の値**という。

例 $x = 3$ のときの $4x - 5$ の値　　$x = -3$ のときの $4x - 5$ の値

$$4\underset{\bigcirc}{x} - 5$$
$$= 4 \times \underset{\bigcirc}{3} - 5 \quad \longleftarrow x に3を代入$$
$$= 7 \quad \longleftarrow 式の値$$

$$4\underset{\bigcirc}{x} - 5$$
$$= 4 \times (\underset{\bigcirc}{-3}) - 5 \quad \longleftarrow x に -3 を代入$$
$$= -17$$

ポイント
負の数を代入するときは，
かっこをつけて代入する。

② 文字式の中の文字が2種類のときは，それぞれの文字を数におきかえる（文字に数をあてはめる）。

例 $a = 2$, $b = -3$ のときの，$-4a - 2b$ の値

$$-4a - 2b$$
$$= -4 \times 2 - 2 \times (-3) \quad \longleftarrow \begin{array}{l} a に 2, \\ b に -3 を代入 \end{array}$$
$$= -8 + 6 = -2 \quad \longleftarrow 式の値$$

よくでる　**分数の代入**

分数の式に分数を代入する。

$x = \dfrac{1}{2}$ を $\dfrac{x}{6}$ に代入

$\dfrac{x}{6} = \dfrac{1}{6} x = \dfrac{1}{6} \times x = \dfrac{1}{6} \times \dfrac{1}{2} = \dfrac{1}{12}$

テストの 要点 を書いて確認

別冊解答 P.8

① 次の式を，文字式の表し方にしたがって表しなさい。

(1) $(-5) \div a$ 〔　　　　　〕　　(2) $y \times (-1) \times x \div z$ 〔　　　　　〕

② $x = -4$ のとき，$3x + 5$ の値を求めなさい。 〔　　　　　〕

STEP 2 基本問題

1 次の式を，文字式の表し方にしたがって表しなさい。(5点×8)

(1) $x \times 2 \times y$

(2) $a \times a \times b \times a$

(3) $(x - y) \times (-4)$

(4) $-5 \div m$

(5) $(a - b) \div x$

(6) $8 + 12 \times n$

(7) $x \div 5 - y \times 5$

(8) $a \div b \div c$

2 次の式を，×や÷の記号を使って表しなさい。(5点×4)

(1) $3ab$

(2) $-2x^2$

(3) $50a + 80b$

(4) $\dfrac{x}{3} - 4yz$

3 次の数量を文字式で表しなさい。(5点×4)

(1) 1個80円のみかんx個の代金

(2) 分速70mの速さで，x分間歩いたときに進む道のり

(3) 面積が30cm²の長方形で，縦の長さが$a$cmのときの横の長さ

(4) 1個x円のみかんを5個買い，1000円出したときのおつり

4 $x = -2$, $y = 5$ のとき，次の式の値を求めなさい。(5点×4)

(1) $2x + 3y$

(2) $-3x + 5y$

(3) $x^2 - 2y$

(4) $-2x + \dfrac{1}{5}y$

1
加法の記号（＋）や減法の記号（−）ははぶくことはできない。

(3) $\underset{\sim}{(x - y)} \times (-4)$
$(x - y)$を1つのまとまりとして考える。

(5) 分数の形にしたとき，分子の（ ）ははぶく。

2
分数をわり算の形になおすときは，わる数とわられる数をまちがえないように注意する。

3
(2) (速さ)＝$\dfrac{(道のり)}{(時間)}$より，
(道のり)＝(速さ)×(時間)

(4) (おつり)
＝(1000円)−(品物の代金)

4
負の数を代入するときは，（ ）をつけて計算する。

得点アップ問題

1 次の式を，文字式の表し方にしたがって表しなさい。(3点×6)

(1) $7 - x \times 3$

(2) $(x + y) \times (-2)$

(3) $(-1) \div a$

(4) $(x - y) \div 2$

 (5) $a \div b \times c \times c$

(6) $a - 0.1 \times b \times a$

(1)		(2)		(3)	
(4)		(5)		(6)	

2 次の式を，×や÷の記号を使って表しなさい。(3点×4)

(1) $\dfrac{3b}{a}$

(2) $-5(a + b)$

(3) $\dfrac{2x + y}{3}$

(4) $-2x^2 + y^2 z$

(1)		(2)	
(3)		(4)	

3 次の数量を文字式で表しなさい。(4点×4)

(1) 1個150円のお菓子a個を80円の箱につめたときの代金

(2) 8人がx円ずつ出し合い，1本y円のバットを2本買ったときに残った金額

(3) a mのリボンからb cmのリボンを5本切りとったときの残りのリボンの長さ

(4) 4回のテストが，85点，a点，b点，90点のときの平均点

(1)		(2)	
(3)		(4)	

4 $x=-3$ のとき，次の式の値を求めなさい。(3点×4)

(1) $-6x$

(2) $10x+4$

(3) $-x^2-3$

(4) $\dfrac{8}{x}-1$

(1)		(2)		(3)		(4)	

5 $a=4$，$b=-2$ のとき，次の式の値を求めなさい。(4点×4)

(1) $-3ab$

(2) $5a-4b$

 (3) $\dfrac{a}{b}+\dfrac{b}{a}$

(4) $-2a-3b^2$

(1)		(2)		(3)		(4)	

6 次の問いに答えなさい。(4点×4)

(1) a 時間と b 分の和は何分か求めなさい。

(2) 5 kgの a%は何gか求めなさい。

(3) 定価 x 円の品物を2割引きで買ったときの代金を求めなさい。

(4) 生徒200人のうち，x %が女子であるときの男子の人数を求めなさい。

(1)		(2)	
(3)		(4)	

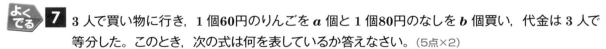 **7** 3 人で買い物に行き，1 個60円のりんごを a 個と 1 個80円のなしを b 個買い，代金は 3 人で等分した。このとき，次の式は何を表しているか答えなさい。(5点×2)

(1) $60a+80b$（円）

(2) $\dfrac{60a+80b}{3}$（円）

(1)	
(2)	

② 文字式の計算・利用

STEP 1 要点チェック

テスト1週間前から確認!

1 1次式の計算

① **項と係数**：加減の混じった式を加法だけの式にしたとき，加法の記号＋で結ばれたそれぞれの文字式と数を**項**という。文字をふくむ項の数字（符号もふくむ）の部分をその文字の**係数**という。

$$3x - 7 = \underset{\text{項}}{3\,x} + \underset{\text{項}}{(-7)}$$

係数

② 文字が１つだけの項を**1次の項**といい，１次の項だけか，１次の項と数の項の和で表されている式を**1次式**という。例 $5x$, $-x + 6$, $5x - 3y - 2$

③ １次式の**加法**：かっこをはずし同じ文字の項どうし，数の項どうしをそれぞれまとめる。
例 $(3a - 5) + (7a + 1) = 3a - 5 + 7a + 1 = \underline{3a} + \underline{7a} - 5 + 1 = 10a - 4$

④ １次式の**減法**：ひくほうの式の各項の符号を変えて加え，減法を加法になおす。
例 $4x - (3x - 1) = 4x + (-3x + 1) = \underline{4x} + (\underline{-3x}) + 1 = x + 1$ 　係数の１は書かない。

⑤ １次式と数の**乗法**：係数と数のかけ算をして，それに文字をかける。
例 $7x \times 3 = 7 \times 3 \times x = 21x$

⑥ １次式と数の**除法**：分数の形にするか，逆数をかけて乗法にする。
例 $8a \div 4 = \dfrac{8a}{4} = 2a$, 　$8a \div 4 = 8a \times \dfrac{1}{4} = 2a$

⑦ かっこのはずし方

ポイント

$$a + (b + c) = a + b + c \qquad a - (b + c) = a - b - c$$
$$a(b + c) = ab + ac \,(\text{分配法則}) \qquad (a + b) \div c = \dfrac{a}{c} + \dfrac{b}{c} \,(\text{分配法則})$$

2 関係を表す式

① **等式**（等号を使う）：数量が等しい関係を表す。

$$\underset{\text{左辺}}{3x - 2} = \underset{\text{右辺}}{10}$$
両辺

② **不等式**（不等号を使う）：数量の大小関係を表す。

$$\underset{\text{左辺}}{-2y + 9} < \underset{\text{右辺}}{16}$$
両辺

テストの 要点 を書いて確認　　別冊解答 P.9

① $4x - y$ の項と，文字をふくむ項の係数を答えなさい。
　〔項…
　　係数…〕

② 次の計算をしなさい。

(1) $7x + x$ 　〔　　　　　〕　(2) $(-2a) \times 5$ 　〔　　　　　〕

(3) $(3a - 1) - (3a + 9)$ 　〔　　　　　〕

STEP 2 基本問題

テスト 5日前 から確認！

得点 ／100点

1 次の計算をしなさい。(6点×5)

(1) $2x - 4 + 3x$ [　　　　]

(2) $-2.5a + 4.6 - 1.8a - 4.6$ [　　　　]

(3) $5x - 1 + (2x + 8)$ [　　　　]

(4) $(x - 5) + (9x - 3)$ [　　　　]

(5) $\left(\dfrac{3}{4}a - 5\right) - (2 - a)$ [　　　　]

2 次の計算をしなさい。(6点×8)

(1) $15a \times \left(-\dfrac{3}{5}\right)$ [　　　　]

(2) $12a \div \left(-\dfrac{3}{2}\right)$ [　　　　]

(3) $(3x - 5) \times (-3)$ [　　　　]

(4) $\dfrac{3x - 2}{4} \times 20$ [　　　　]

(5) $-6\left(\dfrac{1}{3}x - \dfrac{1}{2}\right)$ [　　　　]

(6) $(32a - 24) \div 8$ [　　　　]

(7) $(x + 6) - \dfrac{1}{3}(3x - 9)$ [　　　　]

(8) $-4(2x - 3) - 3(x + 5)$ [　　　　]

3 次の数量の関係を，等式または不等式で表しなさい。

((1)，(2)各5点，(3)，(4)各6点)

(1) a の2倍と b の3倍との和は40である。[　　　　]

(2) 10mのひもから，x m を切りとった残りは3 m以下であった。

[　　　　]

(3) 全部で a 個あるあめを，1人に5個ずつ b 人に配ると，4個たりない。

[　　　　]

(4) 1個 x kgの品物を3個，a gの箱に入れたら，全体の重さが2kgより重くなった。[　　　　]

---

1 かっこのある式は，かっこをはずしてから同じ文字の項どうし，数の項どうしをまとめる。

🔑**カギ** 1次式の減法は，ひくほうの式の符号を変えてたす。

$a - (b - c) = a + (-b + c)$
$\qquad\qquad = a - b + c$

2 (3)〜(8) 分配法則ではかっこの中のすべての項に数をかけたり，すべての項を数でわったりする。

(4) $\dfrac{3x - 2}{4} \times 20$

分子の式に（ ）をつける。20 を分子にかけ，約分してから（ ）をはずす。

3 等しい関係にある数量を見つけて，等号で結ぶ。
不等式は次のようなちがいに注意する。

$a \leqq 5 (a$ は5以下)
5 をふくむ
$a < 5 (a$ は5より小さい)
(a は5未満)
5 はふくまない

得点アップ問題

別冊解答 P.10

得点 ／100点

1 次の2つの式の和と，左の式から右の式をひいた差を求めなさい。(2点×8)

(1) $9a - 3,\ 2a + 2$

(2) $3b - 5,\ -3b + 5$

(3) $-5x + 6,\ 4x - 1$

(4) $-y + 6,\ -4y - 9$

(1)	和		差		(2)	和		差	
(3)	和		差		(4)	和		差	

2 次の計算をしなさい。(3点×4)

(1) $-3(4a - 5)$

(2) $\dfrac{1}{4}(-8x + 12)$

 (3) $-9\left(\dfrac{2}{3}a + \dfrac{1}{9}\right)$

(4) $\dfrac{2x - 4}{7} \times (-14)$

(1)		(2)		(3)	
(4)					

3 次の計算をしなさい。(3点×4)

(1) $(6x - 8) \div 2$

(2) $(36a - 12) \div (-3)$

 (3) $(4x + 2) \div \left(-\dfrac{1}{4}\right)$

(4) $\left(-\dfrac{2}{5}a + \dfrac{1}{2}\right) \div \dfrac{1}{6}$

(1)		(2)		(3)	
(4)					

4 x kmの道のりを，行きは時速 **6 km**，帰りは時速 **5 km**の速さで往復した。このとき，次の問いに答えなさい。(4点×2)

(1) 往復にかかった時間を求めなさい。

(2) 行きと帰りとでは，かかった時間はどちらが何時間多かったか求めなさい。

(1)		(2)	

5 次の計算をしなさい。(3点×8)

(1) $3(2x-5)+5(x+3)$

(2) $5(-x+2)-4(2x-3)$

(3) $0.6(10a-5)-0.4(5a-10)$

(4) $3\left(x-\dfrac{2}{3}\right)+2\left(x+\dfrac{1}{2}\right)$

(5) $2\left(\dfrac{2}{3}x+5\right)+3\left(\dfrac{1}{4}x-5\right)$

(6) $\dfrac{x}{3}+\dfrac{x-1}{4}$

(7) $\dfrac{4a-3}{5}-\dfrac{2a+4}{3}$

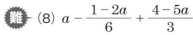 (8) $a-\dfrac{1-2a}{6}+\dfrac{4-5a}{3}$

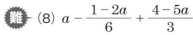

(1)		(2)		(3)	
(4)		(5)		(6)	
(7)		(8)			

6 次の数量の関係を，等式または不等式で表しなさい。(4点×4)

(1) 4とxとの和の2倍は18である。

(2) xの2倍から56をひくと，-10以上になる。

(3) a Lの水から，b dLの水を8回くみ出したら，残りの水は3Lより少なくなった。

(4) 1個x円の品物を1割引きで15個買ったら，代金はy円であった。

(1)		(2)	
(3)		(4)	

7 3人で買い物に行き，1個a円のりんご6個と1個b円のみかん10個を買って，3人でそれぞれ等しく代金を払った。このとき，次の式は何を表しているか答えなさい。(4点×3)

(1) $(a-b)$円

(2) $(6a+10b)$円

(3) $\dfrac{6a+10b}{3}$円

(1)	
(2)	
(3)	

定期テスト予想問題

別冊解答 P.12

目標時間	得点
45分	／100点

① 次の式を，文字式の表し方にしたがって表しなさい。(2点×4=8点)

(1) $y \times x \times 2$

(2) $x \times (-1) \div (-y)$

(3) $a \div b - c \times c \times 4$

(4) $a \div b \times c \times d$

(1)		(2)		(3)	
(4)					

② 次の計算をしなさい。(3点×8=24点)

(1) $a + 2 - 4a$

(2) $(7a - 2) - (-2a - 5)$

(3) $8x \times \left(-\dfrac{1}{4}\right)$

(4) $15 \times \left(\dfrac{2}{5}x - 1\right)$

(5) $10a \div \left(-\dfrac{2}{3}\right)$

(6) $(8a - 4) \div \dfrac{4}{7}$

(7) $(-8x + 10) \times \left(-\dfrac{5}{2}\right)$

入試に出る! (8) $\dfrac{9a - 5}{2} - (a - 4)$ **(熊本)**

(1)		(2)		(3)	
(4)		(5)		(6)	
(7)		(8)			

③ 次の数量を文字式で表しなさい。(3点×4=12点)

(1) 1個x円のみかん3個と1個100円のりんごy個を買ったときの代金

(2) 縦が3 cmで，横が縦よりx cm長い長方形の面積

 (3) a人の子どもにあめを配るとき，1人にb個ずつ配ると8個余ったときのはじめにあったあめの個数 **(福島)**

 (4) 百の位がa，十の位が8，一の位がbの3けたの整数

(1)		(2)	
(3)		(4)	

4 次の問いに答えなさい。(4点×2＝8点)

(1) $-a - \dfrac{b}{5} + \dfrac{1}{2}$ の項と，文字をふくむ項の係数を答えなさい。

(2) $a = -\dfrac{1}{2}$，$b = 4$ のとき，$a^2 - 3b$ の値を求めなさい。

(1)	項		a の係数	b の係数	(2)	

5 次の計算をしなさい。(4点×6＝24点)

(1) $3(2x + 1) + 4(-2x + 1)$

(2) $5(x - 1) - 2(2x - 3)$

(3) $0.3(x - 2) - 0.2(2 - x)$

 (4) $\dfrac{1}{2}(4x - 2) - \dfrac{1}{3}(3 - 9x)$

 (5) $\dfrac{1}{2}(3x - 4) - \dfrac{1}{6}(9x - 7)$ 　　(神奈川)

(6) $\dfrac{x + 5}{6} - \dfrac{2x - 4}{3}$

(1)		(2)		(3)	
(4)		(5)		(6)	

6 次の数量の関係を，等式または不等式で表しなさい。(4点×3＝12点)

(1) 1 個 a kgの荷物 2 個と 1 個3kgの荷物 6 個がある。この8個の荷物の平均の重さは b kgである。　(愛知)

(2) x kmの道のりを，行きは時速 4 km，帰りは時速 6 kmで歩いたら，5 時間以内で往復できた。

(3) ある学校の今年の生徒数は a 人で，昨年の生徒数 b 人より 5 ％多かった。

(1)		(2)		(3)	

7 男子20人，女子22人のクラスでテストを行ったところ，男子の平均点は a 点，女子の平均点は，男子の平均点より 4 点高かった。次の問いに答えなさい。(4点×3＝12点)

(1) $20a$（点）は何を表しているか答えなさい。

(2) 女子の合計点を表しなさい。

(3) クラス全体の平均点をもっとも簡単な式で表しなさい。

(1)			
(2)		(3)	

① 方程式とその解き方

STEP 1 要点チェック

テスト1週間前から確認!

1 方程式とその解

① **方程式**：式の中にある文字に，ある値を代入したときだけ成り立つ等式。

② **解**：方程式を成り立たせる値。方程式の解を求めることを**方程式を解く**という。

③ **等式の性質**：(i) 等式の両辺に**同じ数や式を加えても**，等式は成り立つ。

$$A = B \text{ ならば，} A + C = B + C$$

(ii) 等式の両辺から**同じ数や式をひいても**，等式は成り立つ。

$$A = B \text{ ならば，} A - C = B - C$$

(iii) 等式の両辺に**同じ数をかけても**，等式は成り立つ。

$$A = B \text{ ならば，} AC = BC$$

(iv) 等式の両辺を**同じ数でわっても**，等式は成り立つ。

$$A = B \text{ ならば，} \frac{A}{C} = \frac{B}{C} \quad (C \neq 0)$$

また，$A = B$ ならば，$B = A$

2 方程式の解き方

① 等式の性質を使って

例 (i) $x - 5 = 4$
$x - 5 + 5 = 4 + 5$
$x = 9$

(ii) $3x = 2x - 5$
$3x - 2x = 2x - 5 - 2x$
$x = -5$

(iii) $\dfrac{x}{3} = 2$
$\dfrac{x}{3} \times 3 = 2 \times 3$
$x = 6$

(iv) $-8x = 4$
$\dfrac{-8x}{-8} = \dfrac{4}{-8}$
$x = -\dfrac{1}{2}$

② **移項**：等式の一方の辺にある項を，その項の符号を変えて他方の辺に移すこと。

例 $x - 4 = 6$
$x = 6 + 4$

$2x = 5 + x$
$2x - x = 5$

③ 移項することによって，**文字をふくむ項を左辺**に，**数の項を右辺**に集める。**ポイント**

④ かっこをふくむ方程式は，かっこをはずしてから解く。

⑤ 係数に小数をふくむ方程式は，両辺に10，100，1000 などをかけて，**係数を整数になおしてから**解く。

⑥ 係数に分数をふくむ方程式は，分母の公倍数を両辺にかけて，**分数をふくまない形になおしてから**解く。

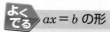

よくでる $ax = b$ の形

両辺を x の係数 a でわる。

$$ax \div a = b \div a \qquad x = \frac{b}{a}$$

テストの 要点 を書いて確認　　　　　　　　　別冊解答 P.13

① 次の方程式を解きなさい。

(1) $5x + 2 = -8$ 〔　　　　　　　　〕

(2) $2(-x + 3) = x - 3$ 〔　　　　　　　　〕

STEP
2

基本問題

テスト
5日前
から確認!

別冊解答 P.13

得点

／100点

1 次の方程式を，等式の性質を使って解きなさい。（3点×6）

(1) $x - 4 = -5$

[　　　　　]

(2) $x + 3 = 6$

[　　　　　]

(3) $\dfrac{x}{2} = -7$

[　　　　　]

(4) $\dfrac{x}{3} = \dfrac{1}{2}$

[　　　　　]

(5) $-4x = 32$

[　　　　　]

(6) $6x = -\dfrac{2}{5}$

[　　　　　]

2 次の方程式を解きなさい。（5点×8）

(1) $2x + 5 = 1$

[　　　　　]

(2) $5x + 4 = 2x$

[　　　　　]

(3) $8x - 3 = 4x - 39$

[　　　　　]

(4) $-\dfrac{1}{2}(6x - 4) = x + 6$

[　　　　　]

(5) $5x + 3 = 2(x - 3)$

[　　　　　]

(6) $3(x - 2) = 2(4 + x)$

[　　　　　]

(7) $5(x - 3) - 2(x + 3) = 0$

[　　　　　]

(8) $13 - 9(x - 2) = -2(3x + 1)$

[　　　　　]

3 次の方程式を解きなさい。（7点×6）

(1) $1.8x - 2.5 = 0.9 - 1.6x$

[　　　　　]

(2) $0.4x - 1 = 2x - 1.4$

[　　　　　]

(3) $0.5x - 2 = 0.2(4x + 5)$

[　　　　　]

(4) $\dfrac{x}{5} - \dfrac{1}{2} = \dfrac{x}{2} + 1$

[　　　　　]

(5) $\dfrac{x + 1}{8} = \dfrac{x - 2}{2}$

[　　　　　]

(6) $0.7x + \dfrac{1}{2} = 10.5 - \dfrac{1}{2}x$

[　　　　　]

第**3**章
1
方程式とその解き方

1

🔑**カギ** 等式の性質を使って，$x = \bigcirc$ の形にする。

(3) 両辺に **2** をかける。

$\dfrac{x}{2} \times 2 = -7 \times 2$

(6) 両辺を **6** でわる。

$6x \div 6 = -\dfrac{2}{5} \div 6$

$= -\dfrac{2}{5} \times \dfrac{1}{6}$

2

かっこのある方程式では，かっこをはずしてから移項する。

3

(3) 両辺に **10** をかけると
$5x - 20 = 2(4x + 5)$
かっこの中に **10** をかけないように注意する。

(4)，(5) 分母をはらうには，分母の最小公倍数を見つけて両辺にかける。

(6) 小数，分数ともに **10** 倍すれば整数になる。または，小数を分数になおしてから計算する。

得点アップ問題

1 次の方程式を解きなさい。(2点×7)

(1) $x - 13 = 9$

(2) $x + 7 = -12$

 (3) $\dfrac{2}{3} + x = \dfrac{1}{2}$

(4) $x - \dfrac{5}{6} = \dfrac{1}{4}$

(5) $x - 0.8 = -1.2$

 (6) $2.3 = x + 1.8$

(7) $5.6 + x = \dfrac{1}{2}$

(1)		(2)		(3)	
(4)		(5)		(6)	
(7)					

2 次の方程式を解きなさい。(2点×6)

(1) $\dfrac{x}{5} = -2$

(2) $-\dfrac{x}{9} = 1$

(3) $-\dfrac{1}{5}x = \dfrac{3}{10}$

(4) $-15x = -45$

(5) $-6x = 0$

難 (6) $-\dfrac{5}{7}x = -\dfrac{10}{21}$

(1)		(2)		(3)	
(4)		(5)		(6)	

3 次の方程式を解きなさい。(3点×6)

(1) $2x - 4 = -2$

(2) $5x = 3x - 8$

(3) $9x - 1 = 8x$

(4) $-x = 3 - 7x$

(5) $4x + \dfrac{1}{2} = \dfrac{2}{3}$

(6) $x - 2 = \dfrac{3}{5}x$

(1)		(2)		(3)	
(4)		(5)		(6)	

4 次の方程式を解きなさい。(3点×8)

(1) $3x - 2 = x + 4$

(2) $5x + 7 = 4x + 8$

(3) $3x - (2 - x) = 18$

(4) $2x - 3(1 - x) = 17$

(5) $-4(2 + x) = 4(6 + x)$

 (6) $2(x - 4) = 3(2x - 8)$

(7) $12 - 2(x - 3) = 5 + 2x$

(8) $20 + 4(3x - 1) = -2(5x + 3)$

(1)		(2)		(3)	
(4)		(5)		(6)	
(7)		(8)			

5 次の方程式を解きなさい。(4点×8)

(1) $3 + 0.7x - 0.4x = 2$

(2) $4.5(3x + 1) = 0.5(x - 4)$

(3) $0.01x - 1 = 0.23x + 0.1$

(4) $\dfrac{x}{4} - \dfrac{2}{3} = 1 + \dfrac{x}{3}$

(5) $-\dfrac{x}{3} + 1 = \dfrac{x - 3}{5}$

 (6) $\dfrac{2x - 5}{2} = \dfrac{x - 2}{4}$

(7) $\dfrac{x + 1}{3} - \dfrac{5x - 3}{4} = 1$

(8) $300(2x + 6) = 400(3x - 3)$

(1)		(2)		(3)	
(4)		(5)		(6)	
(7)		(8)			

② 1次方程式の利用

STEP 1　要点チェック

テスト1週間前から確認！

1 方程式を使って問題を解く

① 個数と代金

例 1本80円の鉛筆を何本か買い，150円のケースに入れてもらったら代金は790円であった。
このとき，買った鉛筆の本数を求める。

鉛筆の本数を x 本 とする。　　　……何を x で表すかを決める。| x 以外の文字でもよい。|

鉛筆の代金は，$80x$ 円　　　……数量を x を使って表す。

支払った代金は，$80x + 150$（円）

よって，方程式は $80x + 150 = 790$　　　……等しい関係にある数量から方程式をつくる。

これを解いて，$x = 8$　　　……方程式を解く。

よって，買った鉛筆の本数は，8本　　　……解が問題に適しているかどうか確かめる。

② 過不足

例 何人かの子どもにお菓子を配ろうとしたところ，4個ずつ配ると10個余り，5個ずつ配ると2個たりない。このとき，子どもの人数を求める。

子どもの人数を x 人 とする。

お菓子の個数 $\begin{cases} 4x + 10 \text{（個）} \\ 5x - 2 \text{（個）} \end{cases}$ 等しい　ポイント

よって，方程式は $4x + 10 = 5x - 2$

これを解いて，$x = 12$　　　よって，子どもの人数は12人

③ 速さ・時間・道のり

例 2地点A，Bの間を往復するのに，行きは毎時4 km，帰りは毎時6 kmで歩いたところ，全体で2時間5分かかった。A，B間の道のりを求める。　おぼえる！

A，B間の道のりを x km とする。

$$\text{時間} = \frac{\text{道のり}}{\text{速さ}}$$

行きにかかった時間……$\dfrac{x}{4}$ 時間

帰りにかかった時間……$\dfrac{x}{6}$ 時間 $\left.\right\}$ 2時間5分 $= \left(2 + \dfrac{5}{60}\right)$ 時間 $= \dfrac{125}{60}$ 時間

よって，方程式は $\dfrac{x}{4} + \dfrac{x}{6} = \dfrac{125}{60}$

これを解いて，$x = 5$

よって，A，B間の道のりは5 km

テストの 要点 を書いて確認

別冊解答 P.16

① 1個200円のケーキと150円のケーキを合わせて10個買ったら，代金は1800円であった。
200円のケーキの個数と，150円のケーキの個数を求めなさい。

〔200円のケーキ　　　　　個，150円のケーキ　　　　　個〕

STEP
2
基本問題

テスト
5日前
から確認！

別冊解答 P.16

得点

／100点

1 1個50円のみかんと1個80円のかきを合わせて20個買ったら，代金は 1240円であった。(7点×4)

(1) みかんの個数を x 個として，かきの個数を x を使って表しなさい。

[   ]

(2) みかんの個数を x 個として方程式をつくりなさい。

[   ]

(3) (2)の方程式を解いて x の値を求めなさい。

[   ]

(4) みかんとかきの個数を求めなさい。

[みかん   かき   ]

1
どちらか一方の個数を x 個とすると，もう一方の個数は$(20 - x)$個。

2 4mのひもから15cmのひもを x 本切りとったところ，残りのひもの長さは40cmであった。(8点×2)

(1) 方程式をつくりなさい。

[   ]

(2) 15cmのひもは何本切りとりましたか。

[   ]

2
方程式をつくるときには，単位をそろえる。
4m = 400cm

3 同じ値段の卵を40個買おうとすると，持っていたお金では20円不足し，35個にすると70円余った。(8点×3)

(1) 卵1個の値段を x 円として，方程式をつくりなさい。

[   ]

(2) 卵1個の値段を求めなさい。

[   ]

(3) 持っていたお金はいくらか求めなさい。

[   ]

3
持っていたお金を2通りの式で表す。

4 現在，子どもは13歳，父は37歳である。(8点×4)

(1) x 年後の2人の年齢をそれぞれ表しなさい。

子ども [   ] 父 [   ]

(2) 父の年齢が子どもの年齢の2倍になるのは何年後か。
x 年後として方程式をつくり，求めなさい。

方程式 [   ]

[   ]

4
x 年後は，子どもも父も同じ x 歳だけ年をとる。

得点アップ問題

1 次の (1)〜(4) で，a の値を求めなさい。(6点×4)

(1) 180を a でわったときの商は22で，余りは4である。

(2) 定価 a 円の品物を15％引きで買ったら，代金は1020円だった。

(3) 横が a cm，縦が横より4cm短い長方形の周りの長さは28cmである。

(4) 60km離れたA町から B町へ行くのに，時速80kmの速さで行くのと，時速90kmの速さで行くのとでは，a 分の差があった。

(1)		(2)	
(3)		(4)	

2 1400円を姉と妹の2人で分けるのに，姉の分は妹の分の 2 倍より50円多くなるようにしたい。妹の金額を x 円として，次の問いに答えなさい。(7点×2)

(1) 方程式をつくりなさい。

(2) 2 人の分けた金額をそれぞれ求めなさい。

(1)	方程式	
(2)	姉	妹

3 次の問いに答えなさい。(5点×2)

(1) x についての方程式 $3x - a = 4x + 6$ の解が，$x = 3$ のとき，a の値を求めなさい。

(2) x についての方程式 $2x + a = 1$ の解が，方程式 $5x = 3(x - 4)$ の解と等しいとき，a の値を求めなさい。

(1)		(2)	

4 生徒が長いすにすわるのに，1脚に5人ずつすわると2人の生徒がすわれない。

そこで，1脚に6人ずつすわると，4人しかすわらない長いすが1脚でき，まだ3脚の長いす

が余った。長いすの数と生徒の人数をそれぞれ求めなさい。(8点×2)

長いすの数	
生徒の人数	

5 池のまわりに1周 3.4 kmの散歩のコースがある。A，B2人がある地点から同時に反対方向

に向かって，Aは分速80m，Bは分速90mの速さで歩く。2人がコース上で最初に出会うのを，

出発してから x 分後として，次の問いに答えなさい。((1)4点，(2)7点×2)

(1) 最初に出会うまでにAの歩いた道のりを x の式で表しなさい。

(2) 方程式をつくり，x の値を求めなさい。

(1)		
(2)	方程式	$x =$

 6 弟が午前7時に家を出発してから9分後に，兄が家を出発して自転車で同じ道を追いかけた。

弟は分速100m，兄は分速280mで進むとき，兄が弟に追いつく時刻を求めなさい。(9点)

7 ある中学校の生徒数は520人で，女子の生徒数は男子の生徒数の90%より7人多い。この中学

校の女子の人数は何人か求めなさい。(9点)

③ 比例式

STEP 1 要点チェック

テスト
1週間前
から確認!

1 比例式

① **比例式**：「$a:b=c:d$」のような，比が等しいことを表す式。

② **比の値**：「$a:b$」と表された比で，a(前の項)をb(後ろの項)でわった値 $\dfrac{a}{b}$

　　　例 $3:5$ の比の値 → $3\div 5=\dfrac{3}{5}$　　$\dfrac{1}{3}:\dfrac{1}{4}$ の比の値 → $\dfrac{1}{3}\div\dfrac{1}{4}=\dfrac{4}{3}$

> **よく でる　等しい比**
>
> それぞれの比の値が等しいとき，それらの比は等しいという。
>
> **例** $4:5$の比の値$\dfrac{4}{5}$，$16:20$の比の値$\dfrac{4}{5}$　それぞれの比の値が等しいので，$4:5=16:20$

2 比例式の性質と利用

① $a:b=c:d$ ならば，$ad=bc$　　外側の項の積＝内側の項の積

② 比例式の性質を利用して，xの値を求める。（比例式を解く）

おぼえる!
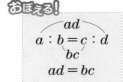

例
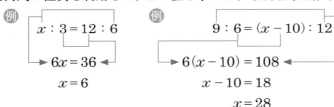

$x:3=12:6$

$6x=36$

$x=6$

例
$9:6=(x-10):12$

$6(x-10)=108$

$x-10=18$

$x=28$

③ 比例式をつくる。

例 縦と横の長さの比が $3:5$ となる長方形をかく。横の長さを15cm，縦の長さを x cm とすると，$3:5=x:15$ のような比例式ができる。

例 30m²の土地を面積が $3:7$ になるように区切る。小さいほうの土地の面積を x m² とすると，$3:7=x:(30-x)$ のような比例式ができる。

テストの 要点 を書いて確認　　　　　　　　　　別冊解答 P.18

① 次の比の，比の値を求めなさい。

(1) $14:42$　　　　〔　　　　　〕　　(2) $\dfrac{3}{5}:\dfrac{5}{9}$　　　　〔　　　　　〕

② 次の比例式で，x の値を求めなさい。

(1) $8:7=x:21$　　　　　　　　　　　　　　〔　　　　　〕

(2) $12:x=7.2:10.8$　　　　　　　　　　　　〔　　　　　〕

(3) $\dfrac{1}{2}:\dfrac{1}{3}=12:(6-2x)$　　　　　　　　〔　　　　　〕

STEP
2

基本問題

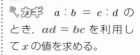
別冊解答 P.18

得点

／100点

第3章
3
比例式

1 次の比例式で，x の値を求めなさい。(7点×6)

(1) $x : 12 = 5 : 3$ ［ ］

(2) $6 : x = 1.5 : 9$ ［ ］

(3) $9 : 4 = 2x : 5$ ［ ］

(4) $x : \dfrac{3}{5} = 8 : 3$ ［ ］

(5) $\dfrac{1}{4} : \dfrac{4}{5} = 5 : x$ ［ ］

(6) $0.45 : 0.35 = 27 : x$ ［ ］

1
カギ $a : b = c : d$ の
とき，$ad = bc$ を利用し
て x の値を求める。

2 次の比例式で，x の値を求めなさい。(7点×6)

(1) $12 : 8 = (x - 3) : 2$ ［ ］

(2) $(4 + x) : 3 = 5 : 4$ ［ ］

(3) $6 : (2x - 1) = 5 : 8$ ［ ］

(4) $5 : 4 = \dfrac{7}{4} : (x - 2)$ ［ ］

(5) $2 : \dfrac{3}{5} = \dfrac{1}{2} : \left(\dfrac{1}{10} + x\right)$ ［ ］

(6) $(3x + 4) : 2.4 = 5 : 6$ ［ ］

2
（ ）のある式は（ ）をひと
まとまりとして考える。

3 牛乳とコーヒーを 3：8 の割合で混ぜて，コーヒー牛乳を作る。牛乳が
120 mL，コーヒーが 400 mLあり，コーヒーを全部使うとしたら牛乳は
あと何 mL必要か。(16点)

［ ］

3
牛乳のたりない分を x mL
として比例式をつくって考
える。

STEP 3 得点アップ問題

得点 ／100点

---

1 次の比例式で，x の値を求めなさい。(3点×6)

(1) $9 : x = 4 : 12$

(2) $12 : 13 = x : 78$

(3) $1 : \dfrac{5}{6} = 4 : x$

(4) $3x : 8 = \dfrac{8}{9} : 4$

 (5) $0.8 : 0.6 = 24 : x$

(6) $1.2 : \dfrac{3}{8} = x : 10$

(1)		(2)		(3)	
(4)		(5)		(6)	

---

2 次の比例式で，x の値を求めなさい。(4点×6)

 (1) $7 : 4 = 14 : (x + 3)$

(2) $3 : 2 = (x - 9) : 8$

(3) $(20 - x) : 5 = 8 : 3$

(4) $16 : (x + 2) = 2 : 3$

(5) $8 : 5 = (3x - 2) : 15$

(6) $14 : 8 = \dfrac{3}{4} : \left(\dfrac{3}{5} - x \right)$

(1)		(2)		(3)	
(4)		(5)		(6)	

---

3 次の比例式で，x の値を求めなさい。(5点×2)

(1) $5x : 8 = (2x - 5) : 3$

(2) $0.5 : (4x - 3) = 8 : 16x$

(1)		(2)	

4 A，B 2 つの大きな箱にそれぞれ 36 本ずつペットボトルのジュースが入っている。次の問いに答えなさい。((1)6点，(2)(3)各7点)

(1) Aの箱から8本のジュースを取り出したとき，Aの箱とBの箱のジュースの本数の比を求めなさい。

(2) はじめにあったBの箱から20本のジュースを取り出すとき，はじめにあったAの箱から何本取り出すと，Aの箱とBの箱の残りのジュースの本数の比が 7：4 になるか求めなさい。

(3) はじめにあった箱で，Aの箱から何本Bの箱に移すと，Aの箱とBの箱のジュースの本数の比が 1：2 になるか求めなさい。

(1)		(2)		(3)	

5 次の問いに答えなさい。(7点×4)

(1) AさんとBさんの持っているテープの長さの比は 5：4 である。いま，Aさんが 1.5 m を持っているとすると，Bさんの持っているテープの長さは何mか求めなさい。

(2) 同じ重さの金属の玉がたくさんあり，全体の重さは4.8kgであった。そのうち5個の玉の重さをはかったら160gあった。金属の玉は全部で何個あるか求めなさい。

(3) 兄と弟はそれぞれ3000円と1800円持っている。兄が弟に何円かわたしたら，兄と弟の所持金の比が8：7になった。兄が弟にわたした金額を求めなさい。

(4) 大きさの比が 5：3 である2つの自然数がある。小さいほうの数は大きいほうの数より12小さい。このとき，2つの自然数を求めなさい。

(1)		(2)		(3)	
(4)					

定期テスト予想問題

別冊解答 P.20

目標時間 **60**分

得点 ／100点

❶ 次の方程式を解きなさい。(4点×8＝32点)

(1) $x - 6 = 2x + 4$

 (2) $x + 11 = -5x + 6$ （栃木）

(3) $(x + 4) - 9 = 2(x - 3)$

(4) $3(2x - 9) = 4(x + 3) - 5$

(5) $\dfrac{2}{5}x - \dfrac{3}{4} = \dfrac{1}{5} - \dfrac{1}{2}x$

(6) $0.4(x - 6) - 0.3(2x - 1) = 0.7$

(7) $\dfrac{1}{2}x - 1 = \dfrac{x - 2}{5}$

(8) $\dfrac{4x - 1}{3} = \dfrac{x + 5}{2} + 3$

(1)		(2)		(3)	
(4)		(5)		(6)	
(7)		(8)			

❷ 次の比例式で，x の値を求めなさい。(4点×6＝24点)

(1) $10 : 3 = x : 9$

(2) $16 : 12 = 8 : x$

(3) $10.5 : x = 3.5 : 2$

(4) $x : 4 = \dfrac{1}{5} : \dfrac{1}{4}$

(5) $(x + 2) : 15 = 3 : 5$

(6) $6 : 2 = (3x + 2) : 2x$

(1)		(2)		(3)	
(4)		(5)		(6)	

❸ 次の問いに答えなさい。(4点×3＝12点)

(1) x についての1次方程式 $ax + 4 = 8x - 6$ の解が 5 であるとき，a の値を求めなさい。

(2) x についての1次方程式 $\dfrac{x + a}{3} = 2a + 1$ の解が -7 であるとき，a の値を求めなさい。

（茨城）

(3) 2つのx についての1次方程式 $2x + a = 12$，$8x - 3 = 7x$ の解が等しいとき，a の値を求めなさい。

(1)		(2)		(3)	

4 鉛筆を何人かの子どもに分けるのに，1人に 6 本ずつ分けると 10 本たりなかった。このとき，次の問いに答えなさい。**(富山)**((1)3点，(2)4点×2＝8点)

(1) 子どもの人数をx人として，鉛筆の本数をxを使った式で表しなさい。

(2) 鉛筆をすべて回収して，あらためて 1 人に 4 本ずつ分けると16本余った。このとき，子どもの人数と鉛筆の本数を求めなさい。

(1)		(2)	人数		本数	

5 A地点からB地点まで往復するのに行きは毎時 5 km，帰りは毎時 3 kmの速さで歩いたら，帰りは行きより 24 分多くかかった。A地点からB地点までの道のりを求めなさい。(7点)

6 姉と妹はそれぞれ 2000 円と 1500 円を持ってスーパーへ行った。同じ値段のお菓子を，姉は 1 個，妹は 2 個買ったところ，姉と妹の残金の比は 7 : 4 になった。お菓子 1 個の値段を求めなさい。(7点)

7 ある中学校の昨年の生徒数は 400 人だった。今年は男子が 5 ％増え，女子が 10 ％減ったので，全体で 7 人減った。今年の男子の生徒数を求めなさい。(7点)

① 関数

STEP 1 要点チェック

1 関数

① **変数**：いろいろな値をとる文字。 例 面積が36cm²の長方形の縦 x cmと横 y cm（変数 x，y ）

② **関数**：ともなって変わる2つの変数 x，y があり，x の値が決まると，それに対応して y の値がただ1つに決まるとき，y は x の関数であるという。

　　　例 1個80円の品物 x 個と代金 y 円，半径 x cmの円の面積 y cm²

③ **ともなって変わる2つの量**：2つの量があり，一方の量が変わっていくともう一方の量もある規則に従って変わっていくようなとき，その2つの量は**ともなって変わる**という。

　　　例 ある速さで3時間歩いたときに進む道のり

　　　　　・3時間に進む**道のり**は，歩く**速さ**にともなって変わる。

　　　　　　　──→ ともなって変わる2つの量…道のりと速さ ◀ポイント

　　　　　・速さの値が決まると道のりの値もただ1通りに決まる。

　　　　　　　──→ 時間が一定のとき，**道のりは，速さの関数である。**

2 関数の式

① y が x の関数である場合，$y = \boxed{}$ の式で表すことができる。

　　　例 ● 縦が12cm，横が x cmの長方形の面積は y cm²である。 $\boldsymbol{y = 12x}$

　　　　　● 1個150円のケーキ x 個を80円の箱につめたときの代金は y 円である。 $\boldsymbol{y = 150x + 80}$

　　　　　● 時速 x kmの速さで y 時間進んだ道のりは30kmである。 $xy = 30$ ──→ $\boldsymbol{y = \dfrac{30}{x}}$

　　　　　● x の3倍と，y との和は0である。 $3x + y = 0$ ──→ $\boldsymbol{y = -3x}$

3 変域

① **変域**：変数のとることのできる値の範囲。

② **変域の表し方**：不等号を使って表す。 例 x の変域が　（ア）　0以上　　$x \geqq 0$

　　　　　　　　　　　　　　　　　　　　（イ）　0未満　　$x < 0$

　　　　　　　　　　　　　　　　　　　　（ウ）　−2以上5以下　$-2 \leqq x \leqq 5$

　　　数直線上に表すときは，端の数をふくむ場合には●，ふくまない場合には○を使って表す。 例 x は−1以上3未満　　━━●━┼━━━○━　　−1 0　　　3

テストの 要点 を書いて確認　　　　　　　　　　　別冊解答 P.21

① 時速40kmの速さの車は，x 時間で y km進む。

　　このとき，y を x の式で表しなさい。　　　　　〔　　　　　　　　〕

② x の変域が−4以上3以下であることを，不等号を使って表しなさい。

　　　　　　　　　　　　　　　　　　　　　　　　　〔　　　　　　　　〕

第4章
1 関数

1 次の(1)～(4)で，y が x の関数であるものには○，そうでないものには×をつけなさい。 (8点×4)

(1) 空の水そうに，1 分間に 3 cm ずつたまるように水を入れるとき，水を入れる時間 x 分とたまる水の深さ y cm

[   ]

(2) x 歳の人の体重は y kg である。

[   ]

(3) 二等辺三角形の底辺の長さ x cm と，その面積 y cm^2

[   ]

(4) 1 日の昼の長さ x 時間と夜の長さ y 時間

[   ]

2 **3 m の重さが 90g の針金がある。** 次の問いに答えなさい。 (8点×3)

(1) この針金 1 m の重さを求めなさい。

[   ]

(2) この針金 x m の重さを y g としたとき，y を x の式で表しなさい。

[   ]

(3) この針金の重さが 540g 以下であるとき，x の変域を不等号を使って表しなさい。

[   ]

3 次の x と y の関係について，y を x の式で表しなさい。 (11点×4)

(1) 1 辺の長さが x cm の正方形の面積は y cm^2 である。

[   ]

(2) 12km の道のりを時速 y km で歩くとき，かかる時間は x 時間である。

[   ]

(3) 40 個のみかんを 5 人が 1 人 x 個ずつ食べたとき，残りのみかんは y 個である。

[   ]

(4) 底辺が 6cm の三角形の面積が x cm^2 のとき，高さは y cm である。

[   ]

---

1 2 つの量があり，一方の量の値を決めると，もう一方の量の値がただ 1 つに決まるものが関数である。

2 (2) $y = \boxed{}$ の式で表す。
(3) y のとる値の範囲は 0 以上 540 以下となる。

3 (1) (正方形の面積)
　 ＝(1 辺)×(1 辺)
(2) (速さ)
　 ＝(道のり)÷(時間)
(3) (残りのみかん)
　 ＝ 40 －(食べたみかん)
(4) (三角形の面積)
　 ＝ $\dfrac{1}{2}$ ×(底辺)×(高さ)

STEP 3 得点アップ問題

1 家から1200m離れた駅まで分速80mの速さで歩いて行くとき，家を出てから x 分間に y m進んだ。次の問いに答えなさい。(6点×3)

(1) ともなって変わる2つの量を言葉で答えなさい。

 (2) y を x の式で表しなさい。

(3) y の変域を不等号を使って表しなさい。

(1)		
(2)		(3)

2 2つの変数 x，y の関係が次の式で表されるとき，下の表の空らんをうめなさい。(2点×10)

(1) $y = 5x$

x	1	2	3	4	5
y	ア	イ	ウ	エ	オ

(2) $y = 30 - 3x$

x	1	3	ウ	7	オ
y	ア	イ	15	エ	3

	ア	イ	ウ	エ	オ
(1)					
(2)					

3 次の x と y の関係について，y を x の式で表しなさい。(8点×2)

(1) 60枚の画用紙を2人で分けるとき，一方の枚数を x 枚，もう一方の枚数を y 枚とする。

(2) 同じくぎが100本で1.2kgある。このとき，x kgのくぎの本数は y 本である。

(1)		(2)	

4 y が x の関数であるとき，x，y の対応のしかたを，次のように矢印と言葉を使って表した。このとき，y を x の式で表しなさい。(6点×4)

(1) $x \xrightarrow{\text{2倍する}} y$　　(2) $x \xrightarrow{\frac{1}{3}\text{倍する}} y$

(3) $x \xrightarrow{\text{5倍して3をひく}} y$　　(4) $x \xrightarrow{\text{7でわる}} y$

(1)	
(2)	
(3)	
(4)	

5 右の図のように，底辺が **4 cm** の二等辺三角形で，**2** つの等しい辺の長さを x **cm**，周の長さを y **cm** とするとき，次の問いに答えなさい。

((1)(2)(3) 各6点，(4) 4点)

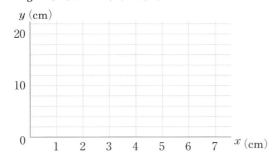

(1) y を x の式で表しなさい。

(2) 表の空らんをうめなさい。

x	3	4	5	6	7
y	ア	イ	ウ	エ	オ

(3) (2)の x と y の変化のようすを，点 ● で下のグラフに表しなさい。

(4) x の値が 1 や 2 のとき，y の値はどうなるか簡単に答えなさい。

(1)				
(2)	ア　　　　イ　　　　ウ　　　　エ　　　　オ			
(4)				

❷ 比例

STEP 1 要点チェック

テスト1週間前から確認!

1 比例

① **比例**：ともなって変わる2つの変数 x，y の間に，$y = ax$ という関係があるとき，y は x に**比例する**という。

② **比例定数**：y が x の関数で，$y = ax$ の関係があるとき，a を比例定数という。
　　　　　　　　　　　　　　　　　　　　　　　[0でない定数]

　　　ある決まった数やそれを表す文字のことを定数という。

2 比例のグラフ

① x 軸と y 軸を合わせて**座標軸**という。

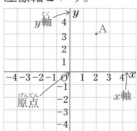

② **座標**：点の位置を数の組で表したもので，**A(2，3)** のように表す。◆ポイント

　　このとき，2を点Aの x 座標，3を y 座標という。

③ $y = ax$ のグラフ：**原点を通る直線**である。

　　直線が通る他の1点がわかれば，原点と結ぶことでグラフをかくことができる。また，グラフ上の1点の座標がわかれば，式を求めることができる。

　　例 点Aの座標は(2，3)なので $y = ax$ の x に2，y に3を代入して，$a = \dfrac{3}{2}$ を求める。変域がある場合は，その変域に注意してグラフをかく。

 $y = ax$ のグラフの傾き

$a > 0$ のとき，グラフは右上がりの直線
$a < 0$ のとき，グラフは右下がりの直線

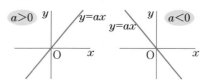

3 比例の式を求める

① $y = ax$ とおき，対応する x，y の値を代入して，比例定数 a の値を求める。

　　例　y は x に比例し $x = 2$ のとき $y = 6$ であるとき，y を x の式で表す。

　　　　$y = ax$ に，$x = 2$，$y = 6$ を代入して，

　　　　　　$6 = a \times 2 \longrightarrow a = 3 \longrightarrow y = 3x$

テストの 要点 を書いて確認

別冊解答 P.23

① y は x に比例し，$x = 6$ のとき $y = -4$ である。
このとき，y を x の式で表すと〔　　　　　　　　　　〕となり，比例定数は〔　　　　　　〕である。

STEP 2 基本問題

1 下の式の中から，y が x に比例しているものをすべて選び記号で答えなさい。（15点）

ア $y = 2x + 1$ 　　　　イ $y = -4x$

ウ $x + y = 0$ 　　　　エ $xy = 9$

オ $x = 6y$ 　　　　カ $y = 3x^2$

$$\left[\right]$$

2 200 L の水を入れることができる水そうがある。この水そうに毎分 4 L の割合で水を入れるとき，水を入れはじめてから x 分間に入った水の量を y L とする。次の問いに答えなさい。（15点×3）

(1) y を x の式で表しなさい。 $\left[\right]$

(2) x の変域を不等号を使って答えなさい。

$$\left[\right]$$

(3) (1)のグラフを，右の図にかきなさい。

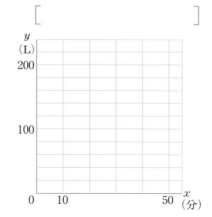

3 y が x に比例して次のようなとき，y を x の式で表しなさい。（10点×4）

(1) 比例定数は 1 である。 $\left[\right]$

(2) $x = 2$ のとき $y = 5$ である。 $\left[\right]$

(3) $x = -3$ のとき $y = 9$ である。 $\left[\right]$

(4) $x = 5$ のとき $y = -8$ である。 $\left[\right]$

---

① $y = ax$（a は0でない定数）で表されるのが比例の式なので，$y = \boxed{}$ の形に変形して考える。

② 水を入れはじめる時点から，満水になるまでが，x の変域である。

③ **カギ** y が x に比例する。
　→ $y = ax$
　（a は比例定数）

得点アップ問題

1 次のア～オのうちで，y が x に比例しているものを記号で答え，式で表しなさい。(12点)

ア　1本60円の鉛筆を x 本買ったら，代金は y 円であった。

イ　時速4.5kmで x 時間歩いたら y km進んだ。

ウ　時速 x kmで y 時間走ったら20km進んだ。

エ　1Lのガソリンで12km走る自動車が x km走るのに y Lのガソリンを使う。

オ　x mのリボンを5等分したときの1本の長さは y mである。

2 y が x に比例するとき，次のそれぞれについて，y を x の式で表しなさい。(5点×4)

よくでる

(1) $x = 3$ のとき $y = 15$ である。

(2) $x = 4$ のとき $y = -6$ である。

(3) $x = -5$ のとき $y = -\dfrac{1}{2}$ である。

(4) $x = -\dfrac{1}{3}$ のとき $y = 6$ である。

(1)		(2)	
(3)		(4)	

3 下の図で，点 **A**，**B**，**C**，**D** の座標を答えなさい。また，点ア，イ，ウ，エを図にかき入れなさい。

(3点×8)

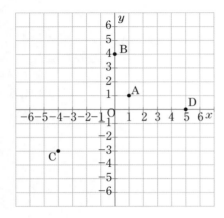

点ア（2，－4）

点イ（－2，4）

点ウ（0，－3）

点エ（4，5）

A	
B	
C	
D	

4 次の式のグラフを右の図にかきなさい。(4点×4)

(1) $y = 3x$

(2) $y = -\dfrac{1}{2}x$

 (3) $y = \dfrac{3}{4}x$

(4) $y = -2x$

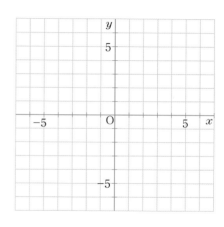

5 下の(1)〜(4)の比例のグラフについて，それぞれ y を x の式で表しなさい。(4点×4)

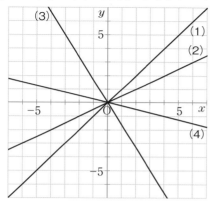

(1)	
(2)	
(3)	
(4)	

6 下の図の ℓ，m は，それぞれ比例のグラフで，ℓ は点$(1，2)$，m は点$(3，1)$ を通っている。また，A，B はそれぞれ ℓ，m 上の点で，直線 AB は x 軸に垂直である。次の問いに答えなさい。(4点×3)

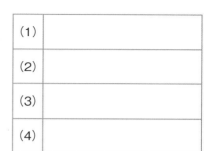

(1) 点Aの y 座標が8のとき，点Bの座標を求めなさい。

(2) 点Aの x 座標が3のとき，ABの長さを求めなさい。
(ただし，座標の1目もりを1cmとする。)

(3) (2)のとき，三角形AOBの面積を求めなさい。
(ただし，座標の1目もりを1cmとする。)

(1)		(2)		(3)	

3 反比例

STEP 1 要点チェック

テスト
1週間前
から確認！

1 反比例

① 反比例：ともなって変わる2つの変数 x, y の間に $y = \dfrac{a}{x}$ という関係があるとき，y は x に

反比例するといい，a を比例定数という。
　　　　　　　　　　　　0でない定数

　　$x = 0$ に対応する y の値はない。

② 反比例する x, y の値の関係：x の値が2倍，3倍，4倍，…になると，y の値は $\dfrac{1}{2}$ 倍，

$\dfrac{1}{3}$ 倍，$\dfrac{1}{4}$ 倍，…になる。

xy の値は一定で，比例定数に等しい。

2 反比例のグラフ

① $y = \dfrac{a}{x}$ のグラフ：2つのなめらかな曲線になり，この曲線を双曲線という。

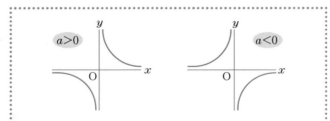

これらのグラフは，x 軸，y 軸に限りなく近づくが，どちらとも交わらない。

3 反比例の式を求める

① $y = \dfrac{a}{x}$ とおいて，対応する x と y の値を代入して，a の値を求める。

例 y は x に反比例し，$x = 3$ のとき $y = 4$ であるとき，y を x の式で表す。

$y = \dfrac{a}{x}$ に，$x = 3$，$y = 4$ を代入する。

$4 = \dfrac{a}{3} \longrightarrow a = 12 \longrightarrow y = \dfrac{12}{x}$

よく
でる　比例定数 a

$y = \dfrac{a}{x}$ の a（比例定数）は，$xy = a$ を使うと
簡単に求められる。

テストの **要点** を書いて確認　　　　　　　　　別冊解答 P.25

① y は x に反比例し，$x = -6$ のとき $y = -2$ である。

このとき，y を x の式で表すと〔　　　　　　　　　〕となり，比例定数は〔　　　　　〕
である。

STEP 2 基本問題

得点 ／100点

---

1 y が x に反比例するとき，次の表の空らんをうめなさい。
また，y を x の式で表しなさい。（空らん 3点×10, 式4点×2）

(1)

x	1	2	4	8	16	32
y				4		

式 [   ]

(2)

x	-5	-3	-1	0	1	3	5
y			10	✕			

式 [   ]

2 次の式のグラフを右の図にかきなさい。（15点×2）

(1) $y = \dfrac{4}{x}$

(2) $y = -\dfrac{6}{x}$

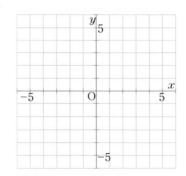

3 次の問いに答えなさい。（8点×4）

(1) y は x に反比例し，比例定数が-3のとき，y を x の式で表しなさい。

[   ]

(2) y は x に反比例し，$x = -2$ のとき $y = -6$ である。y を x の式で表しなさい。

[   ]

(3) y は x に反比例し，$x = 4$ のとき $y = 10$ である。$x = 8$ のときの y の値を求めなさい。

[   ]

(4) y は x に反比例し，$x = -5$ のとき $y = 12$ である。$y = -6$ のときの x の値を求めなさい。

[   ]

1
x と y の両方がわかっている値の組を $y = \dfrac{a}{x}$，または $xy = a$ に代入して a を求める。

第4章 3 反比例

2
点を多くとってなめらかな2つの曲線をかく。
x 軸や y 軸には交わらない。

3
$y = \dfrac{a}{x}$ で a がわかれば式を求めることができる。
できた式にわかっている x や y の値を代入すると，それぞれ y や x の値が求められる。

得点アップ問題

1 次のア～オのうちで，y が x に反比例しているものを記号で答え，式で表しなさい。(10点)

ア　分速 x m の速さで y 分間歩くと，1500m 進む。

イ　1辺 x cm の正方形の面積は y cm² である。

ウ　x ％の食塩水 y g の中にふくまれている食塩の量は10g である。

エ　x 円の品物を3個買い1000円出すと，y 円のおつりがあった。

オ　本を1日に x ページずつ1週間読んだら，全部で y ページ読めた。

---

2 y が x に反比例するとき，次のそれぞれについて，y を x の式で表しなさい。(6点×4)

(1) $x = 5$ のとき $y = 1$ である。　　　　　(2) $x = -6$ のとき $y = 4$ である。

(3) $x = \dfrac{1}{2}$ のとき $y = 12$ である。　(4) $x = -10$ のとき $y = -\dfrac{1}{5}$ である。

(1)		(2)	
(3)		(4)	

3 次の反比例のグラフについて，y を x の式で表しなさい。(6点×2)

(1) 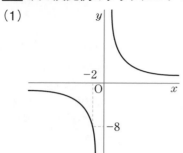　　　　(2)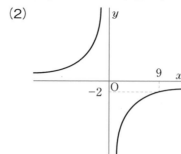

(1)		(2)	

4 $y=-\dfrac{10}{x}$ のグラフについて，次の ☐ にあてはまる言葉を〔　　　〕から選び記号で答えなさい。(5点×4)

(1) x が負の値をとりながら増加すると，y は ① の値をとりながら ② する。

(2) x が正の値をとりながら増加すると，y は ③ の値をとりながら ④ する。

〔　ア　正　　イ　負　　ウ　増加　　エ　減少　〕

(1)	①		②		(2)	③		④	

5 y が x に反比例しているとき，次の問いに答えなさい。(6点×4)

(1) $x=2$ のとき $y=-6$ である。$x=-3$ のときの y の値を求めなさい。

(2) $x=-6$ のとき $y=10$ である。$x=12$ のときの y の値を求めなさい。

(3) $x=9$ のとき $y=8$ である。$y=-6$ のときの x の値を求めなさい。

(4) $x=-7$ のとき $y=12$ である。$y=-10$ のときの x の値を求めなさい。

(1)		(2)	
(3)		(4)	

6 下のグラフは，$y=\dfrac{a}{x}$ のグラフで，点 $\mathrm{A}\left(\dfrac{3}{4},\ 16\right)$ はこのグラフ上にある。

このとき，次の問いに答えなさい。((1) 4点，(2) 6点)

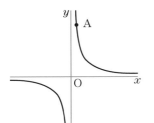

(1) a の値を求めなさい。

(2) このグラフ上の点で，x 座標と y 座標がともに自然数であるものは何個あるか求めなさい。

(1)		(2)	

4 比例と反比例の利用

STEP 1 要点チェック

テスト
1週間前
から確認!

1 比例の利用

① 底辺が x cm，高さが y cmの平行四辺形の面積を S cm² とすると，$S = xy$ という関係が成り立つ。

i) y の値を3と決めると，$S = 3x$ と表され S は x に比例する。

ii) x の値を8と決めると，$S = 8y$ と表され S は y に比例する。

② 20dLで500円の油を買うとき，油の量を x dL，代金を y 円とすると，$y = ax$ という関係が成り立つ。

i) $a = \dfrac{500}{20} = 25$ なので，$y = 25x$

ii) 油13dLの代金は，$y = 25 \times 13 = 325$（円）である。

iii) 代金が205円のときの油の量は，$205 = 25x$ より，$x = 8.2$（dL）である。

S cm²

y cm

x cm

ポイント
$y = ax$ という関係が成り立つとき，y は x に比例する。

2 反比例の利用

① 支点Oの両側に物をつり下げたてんびんがつりあっているとき，図のように左右の支点からの距離をそれぞれ y cm，12cm，つり下げた物の重さがそれぞれ x g，50gであった。

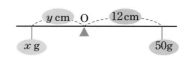

y cm O 12cm

x g 50g

i) てんびんがつりあっているとき（ 物の重さ ）×（ 支点からの距離 ）は左右で等しい。

$$x \times y = 50 \times 12$$

ii) $xy = 600$ より，$y = \dfrac{600}{x}$ となり，**y は x に反比例する。** ▶**ポイント**

iii) $y = 5$（cm）のとき，$5x = 600$ より，$x = 120$（g）である。

② 歯数が32で1分間に15回転する歯車Aと，歯数が x で1分間の回転数が y の歯車Bがかみ合ってまわっているとき，(歯数)×(回転数) が等しいから，$xy = 32 \times 15$ という関係が成り立つ。

i) $xy = 480$ なので，$y = \dfrac{480}{x}$

ii) 歯車Bの歯数が40のときの1分間の回転数は，$y = \dfrac{480}{40} = 12$（回転）である。

iii) 歯車Bの1分間の回転数が20のときの歯数は，$20 = \dfrac{480}{x}$ より，$x = 24$ である。

テストの 要点 を書いて確認

別冊解答 P.27

① 時速 x kmで5時間歩いた道のりが y kmであるとき，y を x の式で表すと
〔　　　　　　　　　〕となり，y は x に〔　　　　　　　　　〕している。

② 10kmの道のりを時速 x kmで歩くと y 時間かかるとき，y を x の式で表すと
〔　　　　　　　　　〕となり，y は x に〔　　　　　　　　　〕している。

STEP
2
基本問題

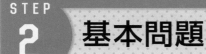

テスト
5日前
から確認！

別冊解答 P.27

得点

／100点

1 ガソリン **1.5 L** につき **12km** 走る自動車がある。この自動車が x L のガソリンで y **km** 走るとき，次の問いに答えなさい。（10点×3）

(1) y を x の式で表しなさい。 [ ]

(2) $0 \leqq x \leqq 35$ のとき，y の変域を求めなさい。

[ ]

(3) $x = 18.5$ のとき，y の値を求めなさい。 [ ]

1 $y = ax$ の形なので，y は x に比例する。比例定数は，ガソリン 1L で走る距離である。

2 水そうに一定の割合で **10分間** 水を入れ続けたら **40L** の水がたまった。さらに水を入れ続けて，水そうの水の量が **50L** になるのは，最初に水を入れ始めてから何分後か求めなさい。（10点）[ ]

2 水を入れる時間とたまる水の量は比例する。$y = ax$ の比例定数 a は，1分間にたまる水の量である。

3 縦 **6cm**，横 **8cm** の長方形 **ABCD** がある。点 **P** が辺 **BC** 上を **B** から **C** まで動く。**BP** を x **cm**，三角形 **ABP** の面積を y **cm²** とする。次の問いに答えなさい。（10点×3）

(1) x の変域，y の変域をそれぞれ求めなさい。

x の変域

[ ]

y の変域

[ ]

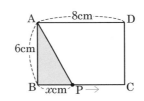

(2) y を x の式で表しなさい。

[ ]

(3) 三角形 **ABP** の面積が **10cm²** になるのは **BP** が何 **cm** のときか求めなさい。

[ ]

3 $y = \dfrac{1}{2} \times (\text{BP の長さ}) \times 6$

4 次の [ ] にあてはまる言葉を書きなさい。（5点×6）

(1) 長方形の縦の長さ，横の長さ，面積について，
縦の長さが一定のとき，面積は [ ] に比例する。
面積が一定のとき，
横の長さは [ ] に [ ] する。

(2) 時間，道のり，速さについて，
[ ] が一定のとき，時間は [ ] に反比例する。
速さが一定のとき，道のりは時間に [ ] する。

4
(1) （長方形の面積）
＝（縦の長さ）×（横の長さ）
(2) （道のり）
＝（速さ）×（時間）

得点アップ問題

1 あるアルミ管 **5 m** の重さをはかったら **3.4 kg** であった。このアルミ管について次の問いに答えなさい。(6点×3)

(1) アルミ管 x m の重さを y kg として，y を x の式で表しなさい。

(2) アルミ管12mの重さを求めなさい。

(3) アルミ管3mの値段が840円のとき，2940円では何mのアルミ管が買えるか求めなさい。

(1)		(2)		(3)	

2 毎分 **15 L** の割合で水を入れると，**20 分**で満水になる水そうがある。この水そうに毎分 x L の割合で水を入れたとき，満水になるのに y 分かかるものとして，次の問いに答えなさい。

(6点×2)

(1) y を x の式で表しなさい。

(2) この水そうを12分で満水にするためには，毎分何Lの割合で水を入れればよいか求めなさい。

(1)		(2)	

3 歯数24で **1 分間に 8 回**まわる歯車 **A** がある。これとかみ合ってまわる歯車 **B** の歯数を x，1 分間にまわる回転数を y として，次の問いに答えなさい。(6点×2)

(1) y を x の式で表しなさい。

(2) かみ合う歯車Bの 1 分間の回転数が12回のとき，その歯車の歯数を求めなさい。

(1)		(2)	

4 長さが90mの廊下を，Aさんは毎秒 **1.2 m**，Bさんは毎秒 **1.5 m**の速さで同時に同じ端から歩き始めた。次の問いに答えなさい。(6点×3)

(1) 右の図のグラフは，x秒後までにym歩いたとして，Aさんの進むようすを表したグラフである。

Bさんのようすを表したグラフを右の図にかき入れなさい。

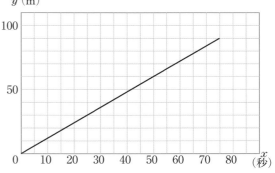

(2) 2人が歩き始めて30秒後にはAさんとBさんは何m離れているか求めなさい。

(3) Bさんが廊下を他方の端まで歩き終えたとき，Aさんは他方の端から何m手前にいるか求めなさい。

(2)		(3)	

5 右の図のような長方形ABCDがある。点Pが毎秒 **2cm** の速さで辺BC上を B から C まで動く。点 P が B を出発してから x 秒後の三角形ABPの面積を y cm²として，次の問いに答えなさい。(8点×3)

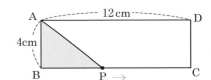

(1) 点 P が B を出発してから5秒後の三角形ABP の面積を求めなさい。

(2) yをxの式で表しなさい。

(3) 三角形ABPの面積が長方形ABCDの面積の$\dfrac{1}{3}$になるのは，点Pが出発してから何秒後か求めなさい。

(1)		(2)		(3)	

6 袋の中に同じ重さの玉がたくさん入っていて，全体の重さをはかったら **3000 g**であった。袋の中から **12 個**の玉を取り出して重さをはかったら **198 g**あった。袋の重さが **30 g**のとき，次の問いに答えなさい。(8点×2)

(1) 玉の数をx個，その重さをygとして，yをxの式で表しなさい。

(2) はじめに袋の中に入っていた玉の数を求めなさい。

(1)		(2)	

定期テスト予想問題

別冊解答 P.28

目標時間 **60**分

得点 ／100点

❶ 次の(1)～(4)において，y を x の式で表しなさい。(4点×4＝16点)

(1) 8 kmの道のりを時速 x kmの速さで行くと y 時間かかる。

(2) 200ページの本を 1 日 x ページずつ5日間読むと残りは y ページである。

(3) 10kgの米を 1 日 x kgずつ食べるとちょうど y 日間で食べ終える。

(4) 3％の食塩水 x gを作るのに必要な水の量は y gである。

(1)		(2)	
(3)		(4)	

❷ 次の問いに答えなさい。(6点×4＝24点)

(1) y は x に比例し，$x=2$ のとき $y=-10$ である。y を x の式で表しなさい。

入試に出る! (2) y は x に比例し，$x=2$ のとき $y=-6$ である。$x=-3$ のときの y の値を求めなさい。

(京都)

(3) y は x に反比例し，$x=-\dfrac{1}{2}$ のとき $y=4$ である。y を x の式で表しなさい。

入試に出る! (4) y は x に反比例し，$x=4$ のとき $y=-3$ である。$x=-2$ のときの y の値を求めなさい。

(福岡)

(1)		(2)	
(3)		(4)	

❸ 右の図の点 **A**，**B**について，次の問いに答えなさい。(5点×4＝20点)

(1) 点**A**，**B**の座標を求めなさい。

(2) 点**B**と原点を通る直線の式を求めなさい。

(3) 点**A**，**B**を通る反比例のグラフの式を求めなさい。

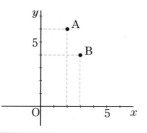

(1)	A	B	(2)		(3)	

4 次の (1), (2) のグラフを右の図にかきなさい。

(4点×2＝8点)

(1) $y = -\dfrac{1}{5}x$

(2) $y = \dfrac{8}{x}$

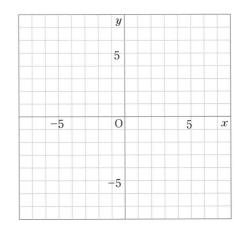

第**4**章 定期テスト予想問題

5 右の図は，y が x に反比例する関数のグラフである。2 点A，B はこのグラフ上にあり，A の x 座標は **3**，B の x 座標は **−1** である。A の y 座標が B の y 座標より **8** だけ大きいとき，y を x の式で表しなさい。

(熊本)(8点)

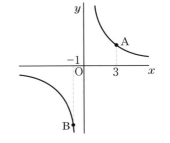

6 厚さが一定の **1** 枚の鉄板から，図1の正方形と図2のような形を切りとって，重さをはかると，図1の重さが **2.4 kg**，図2の重さが **480 g** であった。図2の形の面積を求めなさい。(8点)

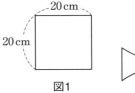

7 右の図のような長方形ABCD の厚紙から，B を **1** つの頂点とし，面積が**60cm²**の長方形を切りとる。このとき，AB上にある辺の長さを x **cm**，BC上にある辺の長さを y **cm**として，次の問いに答えなさい。(8点×2＝16点)

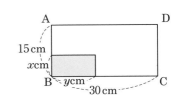

(1) y を x の式で表しなさい。(ただし，変域は考えないものとする。)

(2) 切りとる長方形の **1** 辺をBCにしたときの周りの長さは，切りとる長方形の **1** 辺をABにしたときの周りの長さの何倍になるかを求めなさい。

(1)		(2)	

① 図形の移動，円とおうぎ形

STEP 1 要点チェック

テスト
1週間前
から確認!

1 移動

① **直線**：まっすぐに限りなくのびている線。2点A，Bを通る直線を**直線AB**という。 ●———●
　　　　　　　　　　　　　　　　　　　　　　　　　　　　　　　　　　　　　　A　　B

② **線分**：直線の一部分で，両端のあるもの。直線ABのうち，AからBまでの部分を**線分AB**という。線分ABの長さを，**2点A，B間の距離**という。 ●———●
　　A　　B

③ **半直線**：1点を端として，一方にだけまっすぐに限りなくのびている線。線分ABをBのほうへまっすぐにのばしたものを**半直線AB**という。 ●———●
　　　　　　　　　　　　　　　　　　　　　　　　　　　　　　　　　　　　　A　　B

④ **平行移動**：図形を一定の方向に，一定の距離だけ動かす移動。

⑤ **対称移動**：図形をある直線を折り目として折り返す移動。折り目とした直線を**対称の軸**という。

⑥ **回転移動**：図形をある点を中心として一定の角度だけ回転させる移動。

　　　　　中心とした点を**回転の中心**といい，特に180°の回転移動を**点対称移動**という。

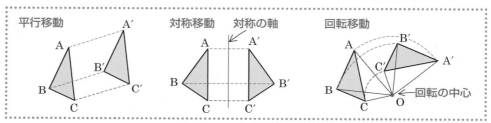

平行移動　　　　　　対称移動　対称の軸　　　回転移動　　　回転の中心

⑦ 2直線 ℓ と m が垂直であるとき，ℓ を m の**垂線**といい，$\ell \perp m$ と表す。

⑧ 線分を2等分する点を，その線分の**中点**という。線分の中点を通り，その線分に垂直な直線をその線分の**垂直二等分線**という。

⑨ 2直線 ℓ と m が平行であるとき，$\ell \,/\!/\, m$ と表す。

⑩ 右の図のような角を，**∠AOB**と表し，角AOBと読む。 ∠BOAと表してもよい。

⑪ 三角形ABCを**△ABC**と表す。

辺
辺
頂点　O　B　A

2 円とおうぎ形

① 弦と弧

弧ABを
⌒ABと表す。

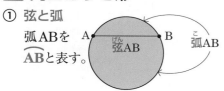

弦AB　弧AB

② おうぎ形

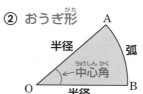

半径　中心角　弧　半径　O　A　B

おぼえる!

半径 r，中心角 $a°$ のおうぎ形の弧の長さを ℓ，面積を S とすると，

$$\ell = 2\pi r \times \frac{a}{360}$$
$$S = \pi r^2 \times \frac{a}{360}$$

テストの**要点**を書いて確認
別冊解答 P.30

① 2直線 ℓ と m が平行であることを ℓ〔　　〕m，垂直であることを ℓ〔　　〕m と表す。

② 図形の移動には，平行移動，〔　　　　　〕移動，〔　　　　　〕移動がある。

③ 円周上の2点A，Bを結ぶ線分を〔　　　　　〕という。

STEP
2
基本問題

テスト
5日前
から確認！

別冊解答 P.30

得点

／100点

1 右の図の直線 *l*, *m*, *n*, *p*, *q*, *r* について，次の問いに答えなさい。

（10点×2）

（1）平行になっている直線はどれ
とどれか。平行の記号を使っ
て表しなさい。

[   ]

（2）垂直になっている直線はどれ
とどれか。垂直の記号を使っ
て表しなさい。

[   ]

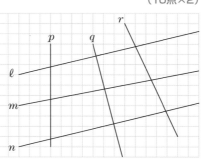

1
平行の記号は //,
垂直の記号は ⊥

2 △ABCを点 A を点 D に移すように平行移動した△DEFをかきなさい。

（20点）

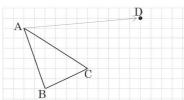

2
AD = BE = CF,
AD//BE//CF となるよう
に作図する。

3 △ABCを直線 *l* を対称の軸として対称移動した△DEFをかきなさい。

（20点）

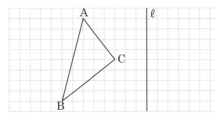

3
直線 *l* は AD，BE，CF の
それぞれを，垂直に 2 等
分する。

4 △ABCを点 O を回転の中心として，180°回転移動した△DEFをかきな
さい。（20点）

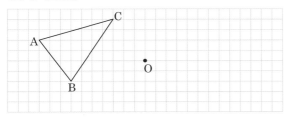

4
対応する 2 点と回転の中
心 O は，一直線上にある。

5 半径3cm，中心角120°のおうぎ形の弧の長さと面積を求めなさい。

（10点×2）

弧の長さ [   ] 面積 [   ]

5
半径 *r*，中心角 *a*° のおうぎ
形の弧の長さ *l*，面積 *S* は，
それぞれ半径 *r* の円の円
周，面積の $\frac{a}{360}$ 倍となる。

1 右の図の四角形ABCDはAD＝10cm，AB＝4cmの長方形で，辺AB上の点Eと，辺DC上の点Fを結ぶ線分EFは辺BCに平行であり，辺AD上の点Gと辺BC上の点Hを結ぶ線分GHは辺ABに平行である。線分EFと線分GHの交点をPとするとき，次の問いに答えなさい。(4点×5)

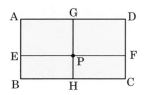

(1) 線分EFと辺BCが平行であることを記号を使って表しなさい。

(2) 線分GHと辺BCとの関係を記号を使って表しなさい。

(3) 辺ADと平行な直線をすべて書きなさい。

(4) 点Fと線分ABとの距離は何cmか。

 (5) 点Gが辺ADの中点のとき，線分AGと長さの等しい線分をすべて書きなさい。

(1)		(2)		(3)	
(4)			(5)		

2 右の図は合同な正三角形を組み合わせた正六角形ABCDEFである。次の問いに答えなさい。(4点×5)

(1) △ABOを平行移動して重なる三角形をすべて答えなさい。

(2) △ABOを点Oを回転の中心として，何度左まわりに回転させると△CDOに重なるか答えなさい。

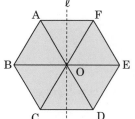

(3) 点Oを通り，BEに垂直な直線 ℓ をひいて対称の軸とする。ℓ を軸として△ABOを対称移動させたとき，重なる三角形を答えなさい。

(4) △BCOを対称移動させて重なる三角形の数を答えなさい。

(5) Oを中心にして△CDOを点対称移動させた三角形を答えなさい。

(1)		(2)	
(3)		(4)		(5)	

3 右の図について，次の問いに答えなさい。

(10点×3)

(1) △ABCの頂点Aが点Dと重なるように平行移動した△DEFをかきなさい。

(2) △ABCを点Oを回転の中心として，180°回転移動した△GHIをかきなさい。

(3) (2)でかいた△GHIを直線ℓを対称の軸として，対称移動した△JKLをかきなさい。

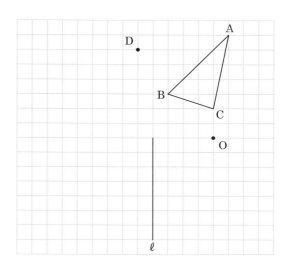

4 次の問いに答えなさい。(10点×2)

(1) 右の図の△ABCを点Cを回転の中心として，反時計回りに90°回転移動した図形をかきなさい。

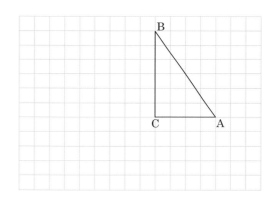

(2) 右の図の四角形ABCDを，直線ℓを対称の軸として対称移動した四角形EFGHをかきなさい。

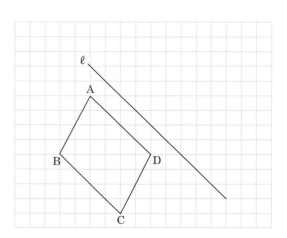

5 半径6cm，中心角45°のおうぎ形の弧の長さと面積を求めなさい。(5点×2)

弧の長さ		面積	

② 基本の作図

STEP 1 要点チェック

テスト
1週間前
から確認!

1 基本の作図

① **垂線**：ある**直線**に垂直に交わるようにひいた直線

⑦直線上にない点Aから直線BCに**垂線をひく。**

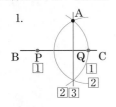 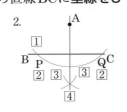

1. ①②直線BC上の2点P，Q（点Aの左右の方向にとる）を中心にしてそれぞれAP，AQを半径にして2つの円をかく。③この2つの円の点A以外の交点と点Aを通る直線をひく。

2. ①点Aを中心として，直線BCと交わるように円をかく。②③直線BCとの交点をP，Qとし，P，Qを中心として等しい半径の円をかく。④その交点の1つと点Aを通る直線をひく。

⑦直線BC上の点Aから**垂線をひく。**

①②点Aを中心にして円をかき，直線BCとの交点をP，Qとする。
③④P，Qを中心にして等しい半径の円をかき，その交点の1つと点Aを結ぶ。

② **垂直二等分線**：線分の**中点**を通り，その線分に垂直な直線

線分ABの**垂直二等分線**をひく。

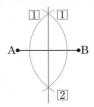

①点A，Bを中心にして等しい半径の円をかく。
②その円の2つの交点を通る直線をひく。

③ **角の二等分線**：角を**2等分**する半直線

∠AOBの**二等分線**をひく。

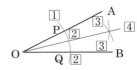

①②頂点Oを中心にして円をかき，半直線OA，OBとの交点をP，Qとする。
③④P，Qを中心にして等しい半径の円をかき，その交点の1つと頂点Oを通る直線をひく。

2 いろいろな作図

① **円の接線**：円と直線が1点で交わるとき，この直線は円に**接する**という。この直線を円の**接線**といい，接する点を**接点**という。

円の接線は，接点を通る半径に垂直である。 ●ポイント

接点

接線

テストの **要点** を書いて確認

別冊解答 P.32

① 〔　〕にあてはまる言葉を書きなさい。

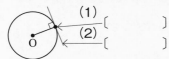

(1)〔　　　　〕
(2)〔　　　　〕

② 円の接線は，接点を通る
〔　　　　　　　　　　　〕に垂直である。

STEP
2
基本問題

テスト
5日前
から確認！

別冊解答 P.32

得点
／100点

1 右の図の△ABCで，次の(1)，(2)の作図をしなさい。(15点×2)

(1) 辺BCを底辺としたときの，三角形の高さと同じ長さで，辺BC上の点と点Aを結ぶ線分

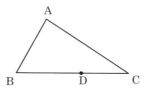

(2) 点Dを通る辺BCの垂線

2 下の図のような線分ABがある。2点A，Bから等しい距離にある点はどんな直線上にあるか。その直線を作図しなさい。(15点)

3 下の図の∠AOBで，2辺OA，OBから等しい距離にある点はどんな直線上にあるか。その半直線OPを作図しなさい。(15点)

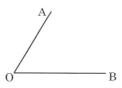

4 下の図の3点A，B，Cから等しい距離にある点Pを作図で求めなさい。
(20点)

5 円Oの周上の点Aを通る接線を作図しなさい。(20点)

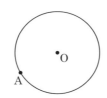

1
(1) 点 A から線分 BC に
　おろした垂線
(2) 線分 BC 上の点 D か
　らの垂線

2
2 点 A，B から等しい距離
にある点
➡線分 AB の垂直二等分
線上にある
カギ　等しい半径の円
でないと，垂直二等分線に
ならず，線分 AB の垂線に
なる。

3
角の内部にあって，2 辺か
ら等しい距離にある点
➡角の二等分線上にある
カギ　O を中心とした
円との 2 つの交点を中心
に等しい半径の円をかかな
いと，角の二等分線にはな
らない。

4
2 点を結ぶ線分の垂直二等
分線を 2 つ作図し，その
交点を求める。

5
円の接線の性質を利用する。

第5章
2
基本の作図

STEP
3

テスト
3日前
から確認!

別冊解答 P.33

得点

／100点

得点アップ問題

1 下の図で点**A**から直線**ℓ**に垂線をひきなさい。（10点）

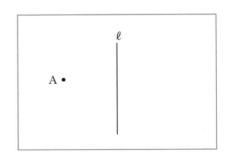

よく
でる

2 下の図の△**ABC**で，辺**BC**を底辺としたときの高さと
同じ長さで直線**BC**上（線分**BC**の延長線上）の点**P**を
通る線分**AP**を作図しなさい。（10点）

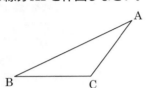

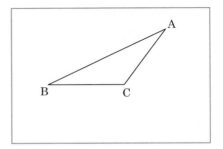

---

3 下の図は，線分**AB**上の点**O**から線分**OC**をひいたものである。∠**AOC**の二等分線**OP**と
∠**BOC**の二等分線**OQ**を作図しなさい。また，
∠**POQ**の角度を求めなさい。（10点×2）

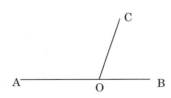

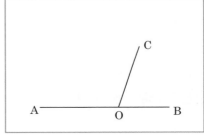

∠ POQ =

---

4 下の図の△**ABC**の3つの頂点から等しい距離にある点
Oを作図しなさい。（10点）

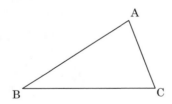

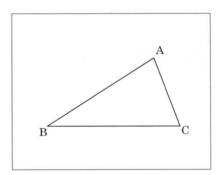

5 下の図の線分ABで，∠PABが(1)，(2)の角度になる半直線APを作図しなさい。（10点×2）

A ——— B

（1）45°　　（2）60°

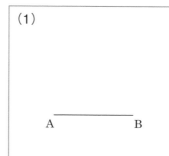

（1）

A ——— B

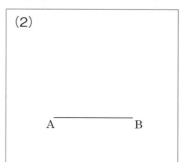

（2）

A ——— B

6 下の図のような円がある。この円の中心Oを作図しなさい。（15点）

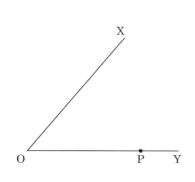

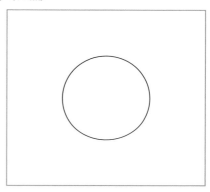

7 下の図の∠XOYの辺OY上の点Pで辺OYに接し，辺OXにも接する円を作図しなさい。（15点）

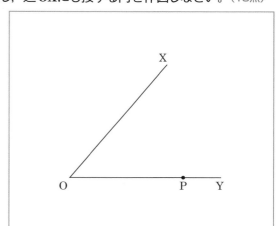

定期テスト予想問題

別冊解答 P.35

目標時間 **60**分

得点 ／100点

1 右の図のような正方形ABCDの各辺の中点をP，Q，R，S，また，対角線の交点をOとするとき，次の問いに答えなさい。（10点×4＝40点）

(1) ⓐの角を記号を用いて表しなさい。

(2) △ASOをPRを軸として対称移動した三角形を答えなさい。

(3) △ASOを180°回転移動させてできる三角形を答えなさい。

(4) △ASOをOを中心として，時計の針の動きと反対方向に90°回転移動させた三角形を答えなさい。

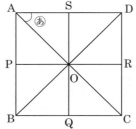

(1)		(2)	
(3)		(4)	

2 下の図の四角形ABCDを直線ℓを対称の軸として対称移動させた図形を作図によってかきなさい。（10点）

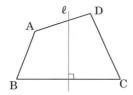

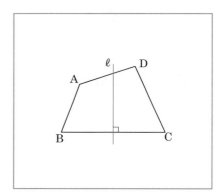

入試に出る! 3 下の図のような線分ABと線分BCがある。次の①，②の条件をともに満たす点Pを作図によって求めなさい。**(宮城)**（10点）

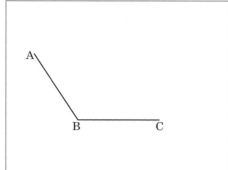

① ∠ABP ＝ ∠CBP
② BP ＝ CP

4 下の図のような直線 ℓ と2点 A, B がある。A, B を通る円のうち, 中心が ℓ 上にある円の中心 O を作図によって求めなさい。（栃木）(10点)

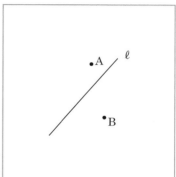

5 下の図の△ABCで頂点 A を辺 BC の中点 O に重なるように折り曲げたときにできる折り目の線分 PQ を作図しなさい。(10点)

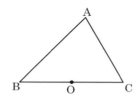

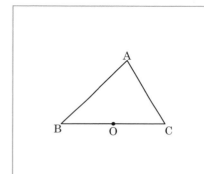

6 下の図の線分 AB を1辺とする正方形を作図しなさい。(10点)

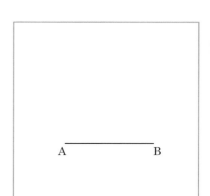

7 下の図の∠XOY を4等分する線を作図しなさい。(10点)

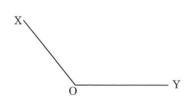

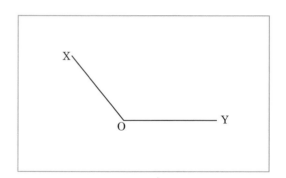

1 いろいろな立体

STEP 1 要点チェック

テスト
1週間前
から確認!

1 中学で習ういろいろな立体

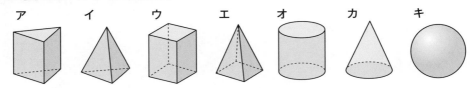

① **多面体**：上の**ア～エ**の立体のように**平面だけで囲まれた立体**。 **ポイント**

面の数により，**四面体**，**五面体**，**六面体**などという。

② **角柱**：上の**ア**，**ウ**のように，2つの底面は平行で合同な多角形，側面は底面に垂直な長方形
か正方形の多面体。底面が正三角形，正方形，……で，側面がすべて合同な長方形か
正方形である角柱を，それぞれ，**正三角柱**，**正四角柱**，……という。

③ **円柱**：上の**オ**のように，2つの底面は平行で合同な円，側面は底面に垂直な曲面の立体。

④ **角錐**：上の**イ**や**エ**のように，**底面が多角形で，側面が三角形の多面体**。

底面が三角形，四角形，……の角錐を，それぞれ，**三角錐**，**四角錐**，……という。

底面が正三角形，正方形，……で，側面がすべて**合同な二等辺三角形**である角錐を，
それぞれ，**正三角錐**，**正四角錐**，……という。

⑤ **円錐**：上の**カ**のように，**底面が円で，側面が曲面の立体**。

⑥ **球**：上の**キ**のように，どこから見ても円に見える立体。

⑦ **正多面体**：**どの面もすべて合同な正多角形で，どの頂点にも面が同じ数だけ集まっている
へこみのない立体**。下の5種類がある。

おぼえる!

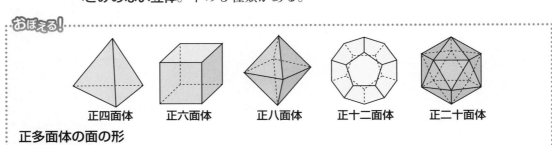

正四面体　　正六面体　　正八面体　　正十二面体　　正二十面体

正多面体の面の形

正四面体…正三角形　　　正六面体(立方体)…正方形　　　正八面体…正三角形

正十二面体…正五角形　　　正二十面体…正三角形

テストの **要点** を書いて確認

別冊解答 P.37

① 四角錐について，次のものを答えなさい。

(1) 底面の形〔　　　　　〕　(2) 辺の数〔　　　　　〕　(3) 頂点の数〔　　　　　〕

STEP
2
基本問題

1 次の (1) ～ (4) にあてはまる立体を，下のア～クからすべて選び，記号で答えなさい。(3点×4)

(1) 平面だけで囲まれた立体

[   ]

(2) 平面と曲面で囲まれた立体

[   ]

(3) 曲面だけで囲まれた立体

[   ]

(4) どの面も合同になっている立体

[   ]

ア　三角柱　　イ　直方体　　ウ　円柱　　　エ　六角錐

オ　球　　　　カ　四角錐　　キ　正八面体　ク　円錐

1
多面体，角柱，円柱，角錐，円錐，球の特徴について，しっかりと覚えておこう。

2 次の表にあてはまる数や言葉を書き入れなさい。(3点×16)

	側面の形	面の数	辺の数	頂点の数
正三角錐				
正六角柱				
正五角錐				
円錐				

2
n 角柱：
面の数は $n+2$
辺の数は $3n$
頂点の数は $2n$
n 角錐：
面の数は $n+1$
辺の数は $2n$
頂点の数は $n+1$

第6章
1
いろいろな立体

3 正多面体の種類をあるだけ答えなさい。また，その正多面体の面の形を答えなさい。(4点×10)

名前 [   ]　面の形 [   ]

名前 [   ]　面の形 [   ]

名前 [   ]　面の形 [   ]

名前 [   ]　面の形 [   ]

名前 [   ]　面の形 [   ]

3
正多面体は 5 種類しかない。正四面体はすべての面が合同な正三角錐のこと，正六面体は立方体のことである。

1 次のア～クの図形のうち，多面体をすべて選び，記号で答えなさい。(5点)

    ア　円錐　　イ　立方体　　　ウ　正方形　　エ　正八面体
    オ　円柱　　カ　三角錐　　　キ　球　　　　ク　台形

2 次の □ にあてはまる数や言葉を答えなさい。(4点×6)

(1) 多面体は □ だけで囲まれた立体である。

(2) 角柱の底面の数は □ である。

(3) 正多面体のすべての面は □ な正多角形である。

(4) 円錐の頂点の数は □ である。

(5) 正多面体の頂点には同じ数だけ □ が集まっている。

(6) 球は □ だけで囲まれた立体である。

(1)		(2)	
(3)		(4)	
(5)		(6)	

3 次の角柱や角錐の名前を答えなさい。(4点×6)

(1) 頂点の数が 5 の角錐　　　　　(2) 頂点の数が12の角柱

(3) 面の数が 8 の角柱　　　　　　(4) 面の数が 6 の角錐

(5) 辺の数が12の角錐　　　　　　(6) 辺の数が24の角柱

(1)		(2)	
(3)		(4)	
(5)		(6)	

4 次の問いに答えなさい。(4点×3)

(1) 2つの底面が平行で，合同な多角形である立体を何というか。

(2) 底面がひし形で，側面が三角形の立体を何というか。

(3) 底面が正六角形で，側面が長方形の立体を何というか。

(1)		(2)		(3)	

5 下の正多面体について，あとの問いに答えなさい。(1点×35)

 ア イ ウ エ オ

(1) 上のア～オの立体について，1つの頂点に集まっている辺の数と，1つの頂点に集まっている面の数を答えなさい。

辺の数	ア		イ		ウ		エ		オ	

面の数	ア		イ		ウ		エ		オ	

(2) 上のア～オの立体について，下の表を完成させなさい。

	ア	イ	ウ	エ	オ
名前					
面の形					
面の数					
難 頂点の数					
難 辺の数					

② 立体の見方と調べ方

STEP 1 要点チェック

テスト
1週間前
から確認!

1 直線や平面の平行と垂直

① 平面と平面の位置関係：**2つの平面は交わるか，平行**である。

② 平面と直線の位置関係：**直線は平面上にあるか，平面と交わるか，平面に平行**である。

③ 2直線の位置関係：空間内での2直線の位置関係には下の3通りがある。

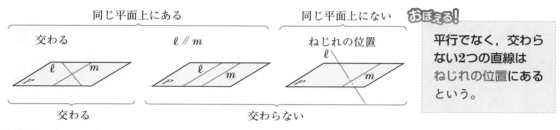

おぼえる!

平行でなく，交わらない2つの直線は**ねじれの位置にある**という。

2 面の動き

① 多角形や円をその面に垂直な方向に一定の距離だけ動かすと，**角柱や円柱**ができる。

② 長方形や直角三角形を，1つの辺を軸として1回転させると，**円柱や円錐**ができる。

③ 右の**ア**や**イ**のように，1つの直線を軸として平面図形を回転させてできる立体を**回転体**といい，側面をえがく辺ABを，円柱や円錐の**母線**という。

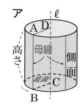
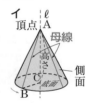

3 立体の展開図

① 主な立体の展開図　　四角錐　　　円錐

4 立体の投影図

① 投影図：立体をある方向から見て平面に表した図。**真上から見た図を平面図，正面から見た図を立面図**という。（投影図で，**見えない辺は破線**で表す。）

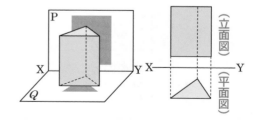

別冊解答 P.38

① 右の図の直方体の図について答えなさい。

(1) 辺AEと垂直な面をすべて答えなさい。

〔　　　　　　　　　　　　　　〕

(2) 辺AEとねじれの位置にある辺をすべて答えなさい。〔　　　　　　　　　　　〕

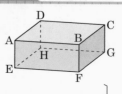

STEP 2 基本問題

別冊解答 P.38

得点 ／100点

1 下の図の正八面体について，次の辺を，すべて答えなさい。

（10点×3）

（1）辺ABに平行な辺

[　　　　　　　　　　]

（2）辺BCに垂直な辺

[　　　　　　　　　　]

（3）辺BCとねじれの位置にある辺

[　　　　　　　　　　]

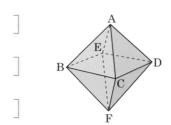

1 平行な直線は同じ平面上にある。たとえば 1 の図で，A，B，F，Dは，面がかかれていなくても，同じ平面上にあることに注意する。**ねじれの位置にある直線は，同じ平面上にはない。**

2 次の図形は下のア〜エのどの図形を，直線ℓを軸として回転させたものか。（11点×4）

（1） （2） （3） （4）

ア 　イ 　ウ 　エ

（1）[　　　　　]
（2）[　　　　　]
（3）[　　　　　]
（4）[　　　　　]

2 回転体は，回転軸についてもとの図形と対称な図形をかいてみると，概形がわかる。

3 右の展開図で表された立体は何か。（13点）

[　　　　　　　　　]

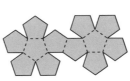

3 面の形と数とで考える。正多面体の展開図は覚えておこう。

4 右の投影図で表された立体は何か。（13点）

[　　　　　　　　　]

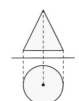

4 角柱や円柱の立面図は長方形，角錐や円錐の立面図は三角形になる。

得点アップ問題

 1 右の立体は，直方体を **3** つの頂点 **B**，**C**，**F** を通る平面で切って，三角錐を取り除いたものである。次の辺や面を答えなさい。

(4点×6)

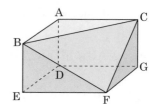

（1）辺 AD に平行な面

（2）辺 CG に垂直な面

（3）面 ABC に垂直な辺

（4）面 ACGD に平行な辺

（5）辺 BE とねじれの位置にある辺

難（6）辺 BF に垂直な辺

(1)		(2)	
(3)		(4)	
(5)		(6)	

 2 空間において，次のことがらのうち，正しいものには○を，正しくないものには×を書きなさい。

(5点×5)

（1）1 つの平面に垂直な 2 つの直線は平行である。

（2）1 つの平面に平行な 2 つの直線は平行である。

（3）交わらない 2 つの直線は平行である。

（4）1 つの直線に垂直な 2 つの平面は平行である。

（5）1 つの直線に平行な 2 つの平面は平行である。

(1)		(2)		(3)		(4)		(5)	

3 右の立体は下のどの図形を回転させたものか。記号で答えなさい。(4点)

ア 　　イ 　　ウ

4 次の図形を直線 ℓ を軸として回転させてできる立体の見取図をかきなさい。（4点×3）

(1) 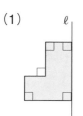　　(2) 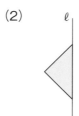　　(3)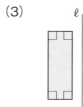

(1)	(2)	(3)

5 右の展開図について答えなさい。（5点×3）

(1) 何という立体の展開図か。

(2) 組み立てたとき，頂点Aに重なる点はどれか。

難(3) 組み立てたとき，辺ABと平行な面はどれか。
　　すべて答えなさい。

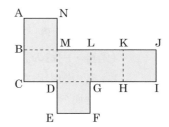

(1)		(2)		(3)	

6 次の投影図で表された立体は何か。（5点×4）

(1) 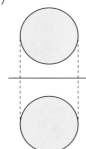　　(2) 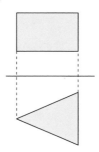　　(3) 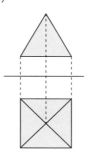　　(4)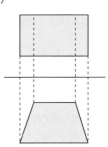

(1)		(2)	
(3)		(4)	

③ 立体の体積と表面積

STEP 1 要点チェック

テスト
1週間前
から確認!

1 体積

① 体積：底面積をS，高さをh，体積をVとすると，

角柱・円柱の体積：$V = Sh$　おぼえる!

角錐・円錐の体積：$V = \dfrac{1}{3}Sh$　おぼえる!

四角錐

円錐

2 表面積

① 表面積：立体のすべての面の面積の和を表面積，側面全体の面積を側面積，1つの底面の面積を底面積という。

（角柱・円柱の表面積）＝（底面積）×2＋（側面積） おぼえる!

例
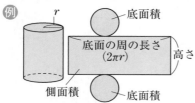

（角錐・円錐の表面積）＝（底面積）＋（側面積） おぼえる!

例 右の図の円錐の表面積。

側面の展開図のおうぎ形で，

$$\ell = 2\pi R \times \dfrac{a}{360} \ (= 2\pi r) \ \cdots\cdots(1)$$

$$S' = \pi R^2 \times \dfrac{a}{360}$$

よって，円錐の表面積Sは，$S = \pi r^2 + S' = \pi r^2 + \pi R^2 \times \dfrac{a}{360}$

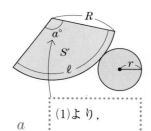

(1)より，

$$\dfrac{a}{360} = \dfrac{r}{R}$$

3 球の体積と表面積

① 球の体積と表面積：半径rの球の体積をV，表面積をSとすると，

球の体積：$V = \dfrac{4}{3}\pi r^3$　おぼえる!　　　　球の表面積：$S = 4\pi r^2$　おぼえる!

テストの **要点** を書いて確認　　　　　　　　　　　　別冊解答 P.40

① 右の図の立体について答えなさい。

(1) 体積を求めなさい。　　　〔　　　　　　　〕

(2) 側面積を求めなさい。　　〔　　　　　　　〕

(3) 底面積を求めなさい。　　〔　　　　　　　〕

(4) 表面積を求めなさい。　　〔　　　　　　　〕

5cm
4cm
3cm

別冊解答 P.40

得点

／100点

1 次の立体の体積を求めなさい。(15点×2)

(1)

6cm

3cm

5cm

(2)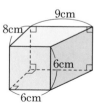

9cm

8cm

6cm

6cm

[　　　　　　　　]　　[　　　　　　　　]

1

(角柱，円柱の体積)
＝(底面積)×(高さ)

(角錐，円錐の体積)
＝$\dfrac{1}{3}$×(底面積)×(高さ)

2 下の立体の表面積を求めなさい。(14点×3)

(1)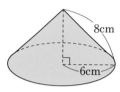

8cm

6cm

[　　　　　　　　]

(2)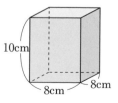

10cm

8cm　8cm

[　　　　　　　　]

(3) 底面が1辺4cmの正方形で，高さが8cmの正四角柱

[　　　　　　　　]

2

(角柱，円柱の表面積)
＝(底面積)×2＋(側面積)

(角錐，円錐の表面積)
＝(底面積)＋(側面積)
底面の半径が r，母線の長さが R の円錐で，側面のおうぎ形の中心角を $x°$ とすると，

$$\dfrac{x}{360}＝\dfrac{r}{R}$$

3 右の立体は，半径3cmの球から，その4分の1を切り取ったものである。この立体の体積と表面積をそれぞれ求めなさい。(14点×2)

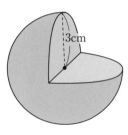

3cm

体積 [　　　　　　　　]　表面積 [　　　　　　　　]

3

半径 r の球の体積 V，表面積 S は
$V＝\dfrac{4}{3}\pi r^3$
$S＝4\pi r^2$

1 右の図の円錐について，次の問いに答えなさい。(5点×4)

(1) hの長さはおよそ14.14cmである。$h = 14.1$として，体積を求めなさい。

(2) 展開図のおうぎ形の中心角を求めなさい。

(3) 側面積を求めなさい。

(4) 表面積を求めなさい。

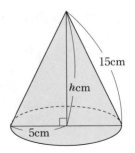

(1)		(2)	
(3)		(4)	

2 次の (1), (2) の立体は体積と表面積を，(3) の立体は体積を求めなさい。(6点×5)

(1)

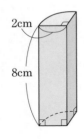

(2)

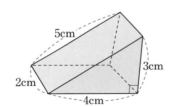

(3)

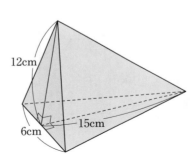

(1)	体積		表面積	
(2)	体積		表面積	
(3)	体積			

3 次の展開図を組み立ててできる立体の体積と表面積を求めなさい。(6点×4)

(1)

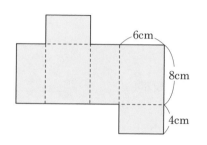

(2)

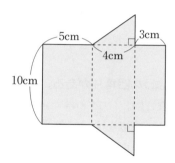

(1)	体積		表面積
(2)	体積		表面積

4 次の図形を直線ℓを軸として回転させてできる立体の体積を求めなさい。(6点×3)

(1)

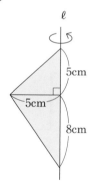

(2)

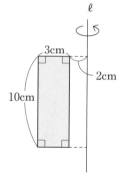

(3)

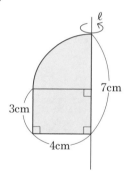

(1)		(2)		(3)	

5 右の図のような形をした2つの容器がある。いま，図2の容器を水で満たし，その水を図1の容器に注いだ。水を5回注いだとき，図1の容器に入っている水の高さを求めなさい。ただし，容器の厚さは考えないものとする。(8点)

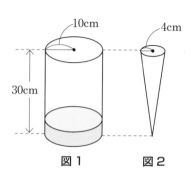

図1　図2

定期テスト予想問題

別冊解答 P.42

目標時間	得点
45分	／100点

 ❶ 右の図のような四角柱がある。底面が台形であるとき，次の問いに答えなさい。(10点×4＝40点)

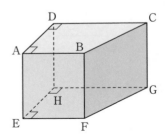

(1) 辺EFと平行な辺をすべて答えなさい。

(2) 辺AEと垂直な面をすべて答えなさい。

(3) 面BFGCと平行な辺をすべて答えなさい。

(4) 辺ADとねじれの位置にある辺をすべて答えなさい。

(1)		(2)	
(3)		(4)	

 ❷ 下の図1は立方体で，図2はその展開図である。図1の頂点Aから辺BF，CGを通り，頂点H までひもの長さがもっとも短くなるようにひもをかけるとき，ひものようすを，図2の展開図にかき入れなさい。(10点)

図1

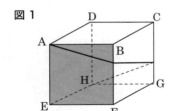

図2

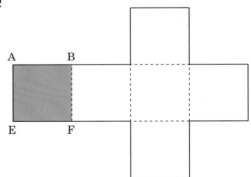

入試に出る! ❸ 右の図のように，立方体の1つの面の各辺の中点と，その面に平行な面の対角線の交点を頂点とする正四角錐がある。立方体の1辺が**6 cm**のとき，この正四角錐の体積を求めなさい。(秋田)(10点)

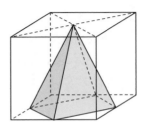

4 右の図の台形ABCDを，辺ABを軸として回転させてできる立体の体積を求めなさい。(福島)(10点)

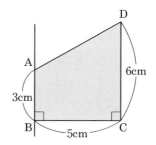

5 右の図は，底面が1辺6cmの正三角形で，高さが8cmの三角柱を，3点A，E，Fを通る平面で切って2つの立体アとイに分けたものである。立体アとイの表面積の差を求めなさい。(10点)

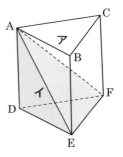

6 下の図のように，底面の半径が5cmの円錐を，頂点Oを中心に平面上に転がした。1周するのにちょうど4回転した。このとき，次の問いに答えなさい。(10点×2＝20点)

（1）円錐の母線の長さを求めなさい。

（2）この円錐の表面積を求めなさい。

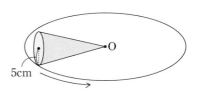

(1)		(2)	

1 データの活用①

STEP 1 要点チェック

テスト 1週間前 から確認!

1 度数の分布

① 下のデータはあるクラスの生徒20人のハンドボール投げの記録（単位：m）で，右の表1はこの記録をもとに，5mずつの区間に分けて，整理したものである。

| 28 | 16 | 38 | 21 | 31 | 26 | 28 | 14 | 27 | 30 |
| 24 | 19 | 32 | 21 | 27 | 34 | 29 | 29 | 22 | 34 |

このような表で，**各区間を階級**，**区間の幅を階級の幅**，それぞれの階級に入っている**データの個数**をその階級の**度数**という。また，このような表を**度数分布表**という。度数分布表を右の図1のようなグラフに表したものを**ヒストグラム**または**柱状グラフ**という。右の図2のように，ヒストグラムの両端の階級の度数を0として，**長方形の上の辺の中点を結んだ折れ線**を**度数折れ線**（度数分布多角形）という。

② **相対度数**：度数の合計に対する階級の度数の割合

$$相対度数 = \frac{（その階級の度数）}{（度数の合計）}$$ おぼえる!

例 上の表1で，階級の幅は5m，15m以上20m未満の階級の相対度数は $\frac{2}{20} = 0.1$

表1

ハンドボール投げの記録

距離（m）	度数（人）
以上　未満	
10 ～ 15	1
15 ～ 20	2
20 ～ 25	4
25 ～ 30	7
30 ～ 35	5
35 ～ 40	1
合計	20

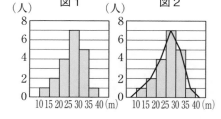

2 累積度数

① **累積度数**：データの最小の階級からある階級までの**度数の総和**の値。

② **累積相対度数**：データの最小の階級からある階級までの**相対度数の総和**の値。

例 右の表2で，15m以上20m未満の階級までの累積度数と累積相対度数は，

累積度数　1＋2＝3（人）

累積相対度数　0.05＋0.10＝0.15

表2

ハンドボール投げの記録

距離（m）	度数（人）	相対度数
以上　未満		
10 ～ 15	1	0.05
15 ～ 20	2	0.10
20 ～ 25	4	0.20
25 ～ 30	7	0.35
30 ～ 35	5	0.25
35 ～ 40	1	0.05
合計	20	1.00

テストの 要点 を書いて確認

別冊解答 P.43

① 次の〔　　〕にあてはまる用語を答えなさい。

(1) データの最小の階級からある階級までの度数の総和の値を〔　　　　〕という。

(2) データの最小の階級からある階級までの相対度数の総和の値を〔　　　　〕という。

STEP 2 基本問題

1 下の表は，クラスの**40人**の体重測定の結果をまとめたものである。次の問いに答えなさい。(10点×6)

(1) 階級の幅を答えなさい。

[　　　　　]

(2) 50kg以上55kg未満の階級の相対度数を求めなさい。

[　　　　　]

(3) 体重35kgの生徒は，どの階級に入るか。

[　　　　　]

(4) 体重40kg未満の生徒は，何人いるか。

[　　　　　]

(5) 体重の重いほうから数えて20番目の生徒はどの階級に入るか。

[　　　　　]

(6) 右下の図にヒストグラムと度数折れ線をかき入れなさい。

体重測定の結果

体重（kg）以上　未満	度数（人）
30 ～ 35	3
35 ～ 40	7
40 ～ 45	14
45 ～ 50	11
50 ～ 55	5
合計	40

2 下の表は，**50m走**の記録をまとめたものである。次の問いに答えなさい。(10点×4)

50m走の記録

階級（秒）以上　未満	度数（人）	相対度数	累積度数(人)	累積相対度数
7.5 ～ 8.0	3	0.15	3	0.15
8.0 ～ 8.5	5	0.25	8	イ
8.5 ～ 9.0	9	0.45	ア	ウ
9.0 ～ 9.5	3	0.15	20	1.00
合計	20	1.00		

(1) ア，イ，ウにあてはまる数を求めなさい。

ア[　　　] イ[　　　] ウ[　　　]

(2) 記録の速いほうから6番目の生徒はどの階級に入るか。

[　　　　　]

サイド注

1
(2) 相対度数 ＝ (その階級の度数)／(度数の合計)

(3) ○未満には，○は入らないことに注意する。

(5) 45kg以上は(11＋5)人，40kg以上は(11＋5＋14)人いる。

(6) ヒストグラムは各階級ごとに人数を高さとする長方形をかく。度数折れ線は，25～30，55～60の区間を0と見て，各長方形の上の辺の中点を結ぶ。

2
(2) 8.0秒未満の人は3人，8.5秒未満の人は8人。

STEP
3

得点アップ問題

テスト
3日前
から確認！

別冊解答 P.43

得点

／100点

1 下のデータは，あるクラスの男子 **20** 人の身長を調べたもので（単位：**cm**），また，その右の表は，このデータの度数分布表である。あとの問いに答えなさい。

((1)(3)(4) 各5点×3, (2) 3点×6, (5) 7点)

162.0	159.0	151.7
147.9	155.2	161.0
169.0	155.2	156.3
150.2	162.1	154.0
153.1	155.2	167.1
142.0	168.3	155.5
161.4	155.8	

身長（cm）	度数	相対度数
以上　未満		
140 ～ 145	1	0.05
145 ～ 150	1	0.05
（ ア ）	4	（ エ ）
155 ～ 160	（ イ ）	（ オ ）
160 ～ 165	（ ウ ）	0.20
165 ～ 170	3	（ カ ）
合計	20	1.00

(1) 階級の幅を答えなさい。

(2) ア～カの空らんにあてはまる値を求めなさい。

(3) 身長145cmの生徒は，どの階級に入るか答えなさい。

(4) 身長が160cm以上の人は何人いるか。

(5) ヒストグラム（柱状グラフ）と度数折れ線をかきなさい。

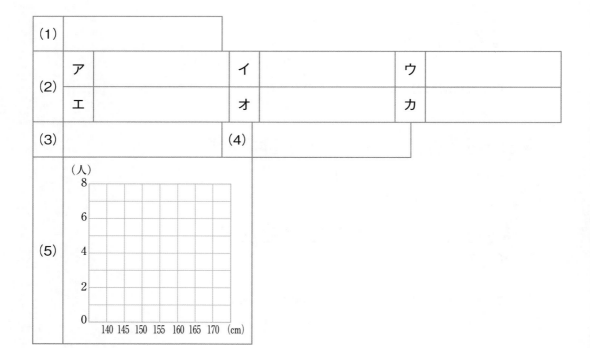

(1)					
(2)	ア		イ		ウ
	エ		オ		カ
(3)		(4)			

2 下の表は，生徒50人の通学時間を調べてまとめたものである。次の問いに答えなさい。

((1) 3点×10, (2) 6点, (3)～(5) 各8点×3)

通学時間

階級（分） 以上　未満	度数（人）	相対度数	累積度数（人）	累積相対度数
0 ～ 10	1	0.02	1	0.02
10 ～ 20	18	0.36		
20 ～ 30	15	0.30		
30 ～ 40	9	0.18		
40 ～ 50	5	0.10		
50 ～ 60	2	0.04		
合計	50	1.00		

（1）上の表を完成させなさい。

（2）通学時間が30分未満の生徒の人数は，何人か。

（3）通学時間が40分未満の生徒の人数は，全体の何％か。

（4）通学時間が40分以上の生徒の人数は，全体の何％か。

（5）通学時間が短いほうから数えて20番目の生徒はどの階級に入るか。

(2)	
(3)	
(4)	
(5)	

2 データの活用②, データにもとづく確率

テストがある日
月　日

1 範囲と代表値

① データの最大の値から最小の値をひいた値を分布の範囲(はんい)という。

② データの特徴を表す値を代表値(だいひょうち)といい, 平均値(へいきんち), 中央値(ちゅうおうち)(メジアン), 最頻値(さいひんち)(モード)などがある。平均値を度数分布表から求めるときは, 階級値(階級のまん中の値)を使って求める。データの総和をデータの個数でわって求めることもできる。

$$（平均値）＝\frac{\{（階級値×度数）の合計\}}{（度数の合計）}$$

③ 中央値：データの値を大きさの順に並べたときの中央にくる値(データが偶数個ある場合は, 中央にある2つの値の平均値を中央値とする。)

④ 最頻値：データの中でもっとも多く出てくる値。
度数分布表では, 度数のもっとも多い階級の階級値。

例 P.86 1 のデータで, 38−14＝24 より, 分布の範囲は24m
データを値の小さい順に並べると, 10番目が27m, 11番目が28mだから, 中央値は27.5m
最頻値を度数分布表から求めると, 度数のもっとも多い階級の階級値だから, 27.5m

2 データの活用

① 例えばクラスのテストの得点の記録などをヒストグラムに表したり, 代表値を求めることで, どのような傾向があるかがわかる。また, 2つ以上の集団の記録について, 比べやすくなる。

よく
でる

階級, 階級の幅, ヒストグラム, 度数折れ線, 相対度数, 分布の範囲, 平均値, 中央値, 最頻値等の用語の意味をしっかりと覚えておこう。

3 統計的確率

① 多数の観察や多数回の試行によって得られる確率。

テストの 要点 を書いて確認

別冊解答 P.44

① 次の〔　　〕にあてはまる用語を答えなさい。
(1) データの最大値と最小値の差を〔　　　　　〕という。
(2) もっとも度数の多い階級の階級値を〔　　　　　〕という。
(3) データの中央の値を〔　　　　〕という。

② 右の表について, 次の問いに答えなさい。
(1) 中央値の入っている階級はどこか。
〔　　　　　　　　　〕
(2) 最頻値は何点か。
〔　　　　　　　　　〕

テストの結果

点数（点）	度数（人）
以上　未満	
30 ～ 40	2
40 ～ 50	4
50 ～ 60	3
60 ～ 70	5
70 ～ 80	4
80 ～ 90	1
90 ～ 100	1
合計	20

1 右の度数分布表は，あるクラスの生徒の体重測定の結果である。次の問いに答えなさい。（20点×3）

(1) 平均値を求めなさい。四捨五入して，整数で答えなさい。

[　　　　　]

(2) 中央値の入っている階級の階級値を求めなさい。

[　　　　　]

(3) 最頻値を求めなさい。

[　　　　　]

体重測定の結果

体重（kg）	度数（人）
以上　未満	
35 ～ 45	8
45 ～ 55	10
55 ～ 65	11
65 ～ 75	1
合計	30

2 **1**のデータについて，どのような特徴があるか答えなさい。（20点）

[　　　　　]

3 下の表について，次の問いに答えなさい。（10点×2）

さいころを投げた回数（回）	100	500	1000
1の目が出た回数（回）	15	81	163
1の目が出る相対度数	0.150	ア	0.163

(1) 表の**ア**にあてはまる値を求めなさい。

[　　　　　]

(2) さいころを投げたときの1の目が出る確率は，およそいくらといえるか。四捨五入して小数第2位まで求めなさい。

[　　　　　]

1

(平均値)＝

$\dfrac{\{(階級値×度数)の合計\}}{(度数の合計)}$

(2), (3) 度数分布表を見て答える場合は階級値で答える。
中央値が入っている階級：データのまん中の値が入っている階級

2

度数分布表からデータの傾向を読みとる。

3

相対度数を確率と考える。

STEP
3
得点アップ問題

テスト
3日前
から確認!

別冊解答 P.44

得点

／100点

1 下のデータは，1 年 1 組の**10人**のテストの得点を示したものである。

> 80, 92, 66, 75, 52, 85, 90, 70, 88, 64 （点）

次の問いに答えなさい。(5点×3)

(1) 得点の分布の範囲を求めなさい。

(2) このデータの平均値を求めなさい。

(3) このデータの中央値を求めなさい。

(1)		(2)	
(3)			

2 右の図は，**A**さんのクラスで調査した1日のテレビの視聴時間の結果をヒストグラムにまとめたものである。次の問いに答えなさい。

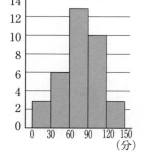

(7点×5)

(1) 階級の幅を答えなさい。

(2) 60分未満の人数を求めなさい。

(3) このデータの最頻値を求めなさい。

(4) Aさんのクラスの人数を求めなさい。

(5) 各階級の階級値を用いて，視聴時間の平均値を四捨五入して整数で求めなさい。

(1)		(2)	
(3)		(4)	
(5)			

3 下のデータ1は，**1組の女子20人**のハンドボール投げの記録，データ2は，**2組の女子20人**の
ハンドボール投げの記録である。これについて，あとの問いに答えなさい。

((1) 5点×2＝10点，(2) 20点)

データ1

記録（m） 以上　未満	度数（人）
8 ～ 10	1
10 ～ 12	4
12 ～ 14	6
14 ～ 16	3
16 ～ 18	3
18 ～ 20	2
20 ～ 22	1
合　計	20

データ2

記録（m） 以上　未満	度数（人）
10 ～ 12	2
12 ～ 14	3
14 ～ 16	5
16 ～ 18	6
18 ～ 20	3
20 ～ 22	1
合　計	20

(1) それぞれの組の平均値を求めなさい。

(2) 遠くへ投げた人が多いといえるのはどちらの組か。また，そのように判断した理由を答え
なさい。

(1)	1組		2組
(2)	組		
	理由		

4 下の表は，ペットボトルのキャップを投げたとき，表が出た回数をまとめたものである。次の問
いに答えなさい。（10点×2）

ペットボトルのキャップを投げた回数(回)	50	100	200	500	800	1000
表が出た回数(回)	29	52	107	279	438	551
表が出る相対度数						

(1) 相対度数を四捨五入して小数第2位まで求めて，上の表を完成させなさい。

(2) ペットボトルのキャップを投げたとき，表が出る確率はおよそいくらといえるか。四捨五
入して小数第2位まで求めなさい。

(2)	

定期テスト予想問題

別冊解答 P.45

目標時間 **45**分

得点 ／100点

1 下のデータは，冷蔵庫にある**10**個の卵の重さをはかったものである。

45　48　52　50　49　52　48　51　48　53（単位：g）

これについて，次の問いに答えなさい。(4点×3＝12点)

(1) データの範囲を求めなさい。

(2) 平均値を求めなさい。

(3) 中央値を求めなさい。

(1)		(2)		(3)	

よく
でる

2 右の表は，ある野球チームの選手**20**人の握力の記録である。これについて，あとの問いに答えなさい。

((1) 4点×6＝24点，(2)～(5) 5点×4＝20点)

(1) ア～カにあてはまる数を答えなさい。

(2) 階級の幅を答えなさい。

(3) 握力が**45kg**の人は，どの階級に入るか。

(4) 記録の最頻値を求めなさい。

(5) 握力が**36kg**未満の人は何人いるか。

握力の記録

握力 （kg）	度数 （人）	相対度数
以上　未満		
24 ～ 27	1	ア
27 ～ 30	2	0.10
30 ～ 33	5	イ
33 ～ 36	3	ウ
36 ～ 39	2	0.10
39 ～ 42	エ	0.15
42 ～ 45	2	0.10
45 ～ 48	オ	カ
合計	20	1.00

(1)	ア		イ	
	ウ		エ	
	オ		カ	
(2)				
(3)				
(4)				
(5)				

❸ 下の表は，A中学校 200 人とB中学校 100 人のハンドボール投げの記録を度数分布表に整理したものである。次の問いに答えなさい。(10点×3=30点)

A 中学校

記録（m）	度数（人）
以上　未満	
10 ～ 15	40
15 ～ 20	80
20 ～ 25	60
25 ～ 30	20
合計	200

B 中学校

記録（m）	度数（人）
以上　未満	
10 ～ 15	5
15 ～ 20	25
20 ～ 25	60
25 ～ 30	10
合計	100

(1) 上の表をもとに，A中学校のハンドボール投げの記録の平均値を求めなさい。

(2) A中学校とB中学校の記録を比較するとき，相対度数を利用する必要がある。その理由を書きなさい。

(3) 右の図は，それぞれの中学校について，相対度数を求め，折れ線グラフに表したものである。「B中学校のほうが記録がよい。」といえる理由を書きなさい。

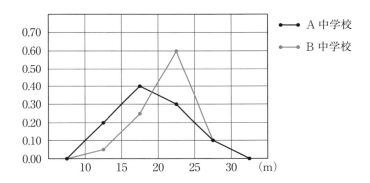

(1)	
(2)	
(3)	

❹ 右の表は，あるコインを投げたときの表の出た回数をまとめたものである。次の問いに答えなさい。

(7点×2=14点)

コインを投げた回数（回）	100	500	1000
表が出た回数(回)	45	231	461
表が出る相対度数	0.450	0.462	ア

(1) 表のアにあてはまる値を四捨五入して小数第2位まで求めなさい。

(2) このコインは表と裏のどちらが出やすいといえるか。

(1)		(2)	

S3n074

1 正負の数

STEP 1 要点チェック

テストの**要点**を書いて確認 本冊 P.6

① −9℃

② −4＜0＜+7 (+7＞0＞−4)

③ 5

STEP 2 基本問題 本冊 P.7

1 (1) +4, +11, +3.5 (順不同)

(2) −8, −2, −1.5, $-\dfrac{7}{8}$ (順不同)

(3) +4, +11 (順不同)

2 (1) −3　(2) 多い　(3) 15分前

3 (1) +5＜+7 (+7＞+5)

(2) −4＜+3 (+3＞−4)

(3) −9＜−6 (−6＞−9)

(4) −3＜0＜+3 (+3＞0＞−3)

4 (1) 6　(2) 12　(3) $\dfrac{1}{2}$　(4) 7.2　(5) $\dfrac{4}{3}$

解説

1 (1) 正の符号+がついた数が**正の数**。
(2) 負の符号−がついた数が**負の数**。
(3) 正の整数を**自然数**という。

2 (1)「低い」は「高い」の反対。低いことを「−」で表す。
(2)「少ない」の反対は「多い」
(3)「〜分後」の反対は「〜分前」

3 (1) 正の数どうしでは，絶対値が大きいほど大きい。
(3) 負の数どうしでは，絶対値が大きいほど小さい。

ミス注意！

(4) 小さい順か大きい順に並べなおして，不等号をつける。−3＜3＞0，3＞−3＜0 のようには表さない。

4 絶対値とは，数直線上での**原点との距離**のこと。
(1)「+6」と原点との距離は6
(2)「−12」と原点との距離は12
(3)「$+\dfrac{1}{2}$」と原点との距離は$\dfrac{1}{2}$
(4)「−7.2」と原点との距離は7.2
(5)「$-\dfrac{4}{3}$」と原点との距離は$\dfrac{4}{3}$

STEP 3 得点アップ問題 本冊 P.8

1 (1) −2.8　(2) 2万，支出　(3) 9

(4) +8, −8 (順不同)　(5) 5

2 (1) −10＜+9 (+9＞−10)

(2) −2＜0 (0＞−2)

(3) +0.1＜+1 (+1＞+0.1)

(4) −9.1＜−7.2 (−7.2＞−9.1)

(5) $+\dfrac{1}{4}＜+\dfrac{1}{3}\left(+\dfrac{1}{3}＞+\dfrac{1}{4}\right)$

3 (1) $-7＜-1＜+4$　(2) $+0.3＜+\dfrac{1}{3}＜+\dfrac{2}{5}$

(3) $-\dfrac{1}{10}＜-0.01＜0$

4 (1) A…+4　B…−1　C…−3.5

(2)
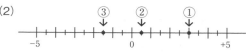

(3) 大きい数…A，小さい数…②

5 (1) +3.1　(2) +0.3と$-\dfrac{3}{10}$ (順不同)

(3) $+\dfrac{1}{5}$

6 (1) 163cm

(2) A −9　B −1　C +3　D +9　E −13
F +4　G −5　H +12

解説

1 (1) 0より小さい数には負の符号「−」をつける。
(2) 数についている符号が反対になっているので，語句を反対の意味にする。「収入」の反対は「支出」。
(3) 絶対値を表すときは，数字の符号を取ればよい。「+」の符号の場合も，符号を取る。
(5)「数直線上で，0からの距離が3より小さい」整数は，−2, −1, 0, 1, 2

ミス注意！

3より小さいというときは，3はふくまない。
3以下というときは，3をふくむ。

2 (1) 正の数と負の数では，絶対値に関係なく正の数のほうが大きい。
(3) $+0.1=+\dfrac{1}{10}$，$+1=+\dfrac{10}{10}$ なので，+1のほうが大きい。
(5) $+\dfrac{1}{3}=+\dfrac{4}{12}$，$+\dfrac{1}{4}=+\dfrac{3}{12}$，$+\dfrac{4}{12}＞+\dfrac{3}{12}$ となるので，$+\dfrac{1}{3}＞+\dfrac{1}{4}$

3 分数，あるいは小数にそろえて比べる。

(2) $+\dfrac{1}{3} = +0.33\cdots$, $+\dfrac{2}{5} = +0.4$

$+0.3 < +0.33\cdots < +0.4$

(3) $-0.01 = -\dfrac{1}{100}$, $-\dfrac{1}{10} = -\dfrac{10}{100}$ より，

$-\dfrac{10}{100} < -\dfrac{1}{100} < 0$

答えはもとの数字にもどして書く。

4 (1)(2) 数直線の小さい1個分の目もりは0.5を表している。正の数は0から右の方向，負の数は左の方向にある。

(3) 数直線上で，0からもっとも遠い点ともっとも0に近い点である。

5 分数は小数になおして大きさを比べる。

$+\dfrac{1}{5} = +0.2$, $-\dfrac{3}{10} = -0.3$

(1) 0からもっとも遠いのは$+3.1$

(2) 小数か分数にそろえたときに，符号が異なるだけの2数は，**絶対値が等しい**。

(3) 正負に関係なく，数直線上で，0にもっとも近い数。

6 (1) （身長の平均の値）＝（身長の合計）÷（人数の合計）より求める。

（身長の合計）$= 154 + 162 + 166 + 172 + 150 + 167$
$+ 158 + 175 = 1304 \text{(cm)}$

（人数の合計）$= 8$（人）

よって，

$1304 \div 8 = 163 \text{(cm)}$

(2) 「身長の平均の値を基準にする」というのは「身長の平均の値を0とする」ということで，平均との差を求めることである。

(1)で求めた身長の平均の値(163cm)を基準にして差を求めると，次のグラフのようになる。

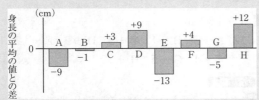

このグラフで上向きのC，D，F，Hが正（＋），下向きのA，B，E，Gが負（－）ということがわかる。

テストの**要点**を書いて確認　　　　　　本冊 P.10

① (1) ＋，＋　　　(2) －，＋

　　　　　　本冊 P.11

1 (1) $+21$　　(2) -2　　(3) -21　　(4) 0

(5) $+5.7$　(6) -1.6　(7) $+\dfrac{5}{12}$　(8) $-\dfrac{31}{30}$

2 (1) $+2$　　(2) -6　　(3) -18　　(4) $+20$

(5) -2.7　(6) $+2.2$　(7) $+\dfrac{1}{4}$　(8) $+\dfrac{4}{15}$

3 (1) $+12$　　(2) $+5$　　(3) -13　　(4) -7

(5) -12　　(6) -10

解説

1 (1) $(+14) + (+7)$
$= +(14 + 7)$
$= +21$

(2) $(+4) + (-6)$
$= -(6 - 4)$
$= -2$

(3) $(-9) + (-12)$
$= -(9 + 12)$
$= -21$

(4) $(-13) + (+13) = 0$

(5) $(+2.3) + (+3.4)$
$= +(2.3 + 3.4)$
$= +5.7$

(6) $(+3.3) + (-4.9)$
$= -(4.9 - 3.3)$
$= -1.6$

(7) $\left(+\dfrac{2}{3}\right) + \left(-\dfrac{1}{4}\right)$
$= \left(+\dfrac{8}{12}\right) + \left(-\dfrac{3}{12}\right)$
$= +\left(\dfrac{8}{12} - \dfrac{3}{12}\right)$
$= +\dfrac{5}{12}$

(8) $\left(-\dfrac{1}{5}\right) + \left(-\dfrac{5}{6}\right)$
$= \left(-\dfrac{6}{30}\right) + \left(-\dfrac{25}{30}\right)$
$= -\left(\dfrac{6}{30} + \dfrac{25}{30}\right)$
$= -\dfrac{31}{30}$

2 (1) $(+9) - (+7)$
$= (+9) + (-7)$
$= +(9 - 7)$
$= +2$

(2) $(-7) - (-1)$
$= (-7) + (+1)$
$= -(7 - 1)$
$= -6$

(3) $(-13) - (+5)$

$= (-13) + (-5)$

$= -18$

(4)　　$(+4) - (-16)$

　　$= (+4) + (+16)$

　　$= +20$

(5)　　$(+3.8) - (+6.5)$

　　$= (+3.8) + (-6.5)$

　　$= -2.7$

(6)　　$(-0.9) - (-3.1)$

　　$= (-0.9) + (+3.1)$

　　$= +2.2$

(7)　　$\left(+\dfrac{1}{2}\right) - \left(+\dfrac{1}{4}\right)$

　　$= \left(+\dfrac{2}{4}\right) + \left(-\dfrac{1}{4}\right)$

　　$= +\dfrac{1}{4}$

(8)　　$\left(-\dfrac{1}{3}\right) - \left(-\dfrac{3}{5}\right)$

　　$= \left(-\dfrac{5}{15}\right) + \left(+\dfrac{9}{15}\right)$

　　$= +\dfrac{4}{15}$

3 (1)　　$(+15) + (+27) - (+30)$

　　$= (+15) + (+27) + (-30)$

　　$= (+42) + (-30)$

　　$= +12$

(2)　　$(+16) + (-24) - (-13)$

　　$= (+16) + (-24) + (+13)$

　　$= (+29) + (-24)$

　　$= +5$

(3)　　$(-16) - (+12) - (-15)$

　　$= (-16) + (-12) + (+15)$

　　$= (-28) + (+15)$

　　$= -13$

(4)　　$-9 + 6 - 4$

　　$= -13 + 6$

　　$= -7$

(5)　　$-8 - 9 + 10 - 5$

　　$= -22 + 10$

　　$= -12$

(6)　　$13 - (-8) - 7 + (-9) - 15$

　　$= 13 + 8 - 7 - 9 - 15$

　　$= 21 - 31$

　　$= -10$

STEP 3　得点アップ問題　　本冊 P.12

1 (1) $+8$　　(2) -4　　(3) -23　　(4) -3

　(5) -11　　(6) -6　　(7) -1　　(8) 0

2 (1) -4　　(2) -20　　(3) $+9$　　(4) -32

3 (1) -2　　(2) -12　　(3) -14　　(4) 16

　(5) -6　　(6) 0　　(7) 6　　(8) 3

4 (1) 3.1　　(2) 5.8　　(3) 2.7　　(4) -1.5

　(5) $-\dfrac{1}{20}$　　(6) $-\dfrac{1}{6}$　　(7) $\dfrac{5}{12}$　　(8) $-\dfrac{19}{30}$

5 (1) -10　　(2) -4.3　　(3) -4　　(4) 0.4

　(5) -21　　(6) $-\dfrac{1}{18}$　　(7) $\dfrac{61}{30}$　　(8) -11.66

解 説

1 (1)　　$(+2) + (+6)$

　　$= +(2+6)$

　　$= +8$

(2)　　$(+5) - (+9)$

　　$= (+5) + (-9)$

　　$= -4$

(3)　　$(-7) - (+16)$

　　$= (-7) + (-16)$

　　$= -23$

(4)　　$(+4) + (-7)$

　　$= -(7-4)$

　　$= -3$

(5)　　$(-3) + (-8)$

　　$= -(3+8)$

　　$= -11$

(6)　　$(-6) - 0$

　　$= -6$

(7)　　$(-9) + (+8)$

　　$= -(9-8)$

　　$= -1$

(8)　　$(-18) - (-18)$

　　$= (-18) + (+18)$

　　$= 0$

2 (1)　　$(+8) + (-5) + (-7)$

　　$= (+8) + (-12)$

　　$= -4$

(2)　　$(-17) + (+3) + (-6)$

　　$= (-23) + (+3)$

　　$= -20$

(3)　　$(+2) - (-18) + (-11)$

　　$= (+2) + (+18) + (-11)$

　　$= +9$

(4)　　$(-26) - (-29) + (-35)$

　　$= (-26) + (+29) + (-35)$

　　$= -32$

3 答えが正の数のときは，＋の符号を省略して書くことができる。

(1)　$-5 + 3 = -2$

(2)　　$1 - 4 - 9$

　　$= 1 - 13$

　　$= -12$

(3)　　$10 + (-3) - 12 + (-9)$

　　$= 10 - 3 - 12 - 9$

　　$= 10 - 24$

　　$= -14$

(4)　　$0 - (-7) + 14 + (-5)$

　　$= 0 + (+7) + 14 + (-5)$

　　$= 0 + 7 + 14 - 5$

　　$= 21 - 5$

　　$= 16$

(5)　　$16 - 21 + 7 - 8$

　　$= 23 - 29$

　　$= -6$

(6)　　$(-9) - (-5) + 6 - 2$

　　$= -9 + 5 + 6 - 2$

　　$= 11 - 11$

　　$= 0$

(7)　　$12 - (-19) + 0 - 25$

　　$= 12 + 19 + 0 - 25$

　　$= 31 - 25$

$= 6$

(8) $\quad 13 - 11 - (-7) + (-6)$
$= 13 - 11 + (+7) + (-6)$
$= 13 - 11 + 7 - 6$
$= 20 - 17$
$= 3$

4 (1) $\quad (-1.2) + (+4.3)$
$= -1.2 + 4.3$
$= 3.1$

(2) $\quad (+2.8) - (-3)$
$= 2.8 + 3$
$= 5.8$

(3) $\quad 5.6 - (-1.9) - 4.8$
$= 5.6 + 1.9 - 4.8$
$= 2.7$

(4) $\quad 1 - 6.2 + 3.7$
$= 4.7 - 6.2$
$= -1.5$

(5) $\quad \left(-\dfrac{1}{4}\right) + \left(+\dfrac{1}{5}\right)$
$= -\dfrac{5}{20} + \dfrac{4}{20}$
$= -\dfrac{1}{20}$

(6) $\quad \left(-\dfrac{5}{6}\right) - \left(-\dfrac{2}{3}\right)$
$= -\dfrac{5}{6} + \dfrac{4}{6}$
$= -\dfrac{1}{6}$

(7) $\quad \dfrac{3}{4} + \left(-\dfrac{1}{2}\right) - \left(-\dfrac{1}{6}\right)$
$= \dfrac{9}{12} - \dfrac{6}{12} + \dfrac{2}{12}$
$= \dfrac{5}{12}$

(8) $\quad -\dfrac{1}{2} - \dfrac{1}{3} + \dfrac{1}{5}$
$= -\dfrac{15}{30} - \dfrac{10}{30} + \dfrac{6}{30}$
$= -\dfrac{19}{30}$

5 (1) $\quad -12 + 8 - 6$
$= -18 + 8$
$= -10$

(2) $\quad 7.3 - 10 + (-1.6)$
$= 7.3 - 10 - 1.6$
$= 7.3 - 11.6$
$= -4.3$

(3) $\quad -5 + \dfrac{5}{2} - 1.5$
$= -5 + 2.5 - 1.5$
$= -6.5 + 2.5$
$= -4$

(4) $\quad 10.8 + (-7) - 3.4$
$= 10.8 - 7 - 3.4$
$= 0.4$

(5) $\quad -3.5 - 11.6 - (-0.8) + (-6.7)$
$= -3.5 - 11.6 + 0.8 - 6.7$
$= -21.8 + 0.8$
$= -21$

(6) $\quad \dfrac{1}{6} - \dfrac{5}{9} + 1 - \dfrac{2}{3}$
$= \dfrac{3}{18} - \dfrac{10}{18} + \dfrac{18}{18} - \dfrac{12}{18}$
$= \dfrac{21}{18} - \dfrac{22}{18}$
$= -\dfrac{1}{18}$

(7) $\quad -\dfrac{5}{3} - 1.8 + 6 - \dfrac{1}{2}$
$= -\dfrac{5}{3} - \dfrac{9}{5} + 6 - \dfrac{1}{2}$
$= -\dfrac{50}{30} - \dfrac{54}{30} + \dfrac{180}{30} - \dfrac{15}{30}$
$= -\dfrac{119}{30} + \dfrac{180}{30}$
$= \dfrac{61}{30}$

(8) $\quad -10.2 + 0.2 - (-1.8) - 3.46$
$= -10.2 + 0.2 + 1.8 - 3.46$
$= -13.66 + 2$
$= -11.66$

ミス注意!

$-13.66 + 2 = -13.64$ とするまちがいが多いので気をつける。

3 乗法と除法，正負の数の利用

STEP 1 要点チェック

テストの **要点** を書いて確認　　　　　　　本冊 P.14

① (1) -15　　(2) 4　　(3) 16

② $2^2\times3$

STEP 2 基本問題　　　　　　　本冊 P.15

1　(1) $-\dfrac{1}{6}$　　(2) 4　　(3) $-\dfrac{2}{3}$　　(4) -20

　(5) 8

2　(1) 20　　(2) $\dfrac{3}{2}$　　(3) 63　　(4) -2

3　自然数(左から)○，×，○，×

　整数　(左から)○，○，○，×

4　A…33枚　　B…20枚　　C…22枚

　D…25枚

5　$2^2\times5^2$

解 説

1　(1) $\left(-\dfrac{4}{15}\right)\times\left(+\dfrac{5}{8}\right)$

$=-\left(\dfrac{4}{15}\times\dfrac{5}{8}\right)$

$=-\dfrac{1}{6}$

　(2) $(-1.6)\div(-0.4)$

$=+(1.6\div0.4)$

$=4$

　(3) $\dfrac{5}{12}\div\left(-\dfrac{5}{8}\right)$

$=-\left(\dfrac{5}{12}\div\dfrac{5}{8}\right)$

$=-\left(\dfrac{5}{12}\times\dfrac{8}{5}\right)$

$=-\dfrac{2}{3}$

　(4) $(-5)\times(-2)^2$

$=(-5)\times(-2)\times(-2)$

$=-(5\times2\times2)$

$=-20$

　(5) $-8^2\div(-2)^3$

$=-64\div(-8)$

$=+(64\div8)$

$=8$

2　(1) $12-4\times(-2)$

$=12-(-8)$

$=12+8$

$=20$

　(2) $1-\dfrac{1}{3}\div\left(-\dfrac{2}{3}\right)$

$=1-\dfrac{1}{3}\times\left(-\dfrac{3}{2}\right)$

$=1+\dfrac{1}{2}$

$=\dfrac{3}{2}$

　(3) $-28\div(-2)^2\times(-3^2)$

$=-28\div4\times(-9)$

$=-7\times(-9)$

$=63$

　(4) $\left(\dfrac{1}{2}-\dfrac{1}{3}\right)\times(-12)$

$=\dfrac{1}{2}\times(-12)-\dfrac{1}{3}\times(-12)$

$=-6+4$

$=-2$

3　自然数の減法と除法では，

　$3-4=-1,\ 3\div4=\dfrac{3}{4}$

のように，答えが自然数にならない場合がある。
整数の除法では，$8\div5=1.6$ のように，答えが整数にならない場合がある。

4　A…$25+8=33$(枚)
　B…$25-5=20$(枚)
　C…$25-3=22$(枚)
　Dは，差がないので，平均と同じ25枚

5　商を下に書きながら，小さい素数で順にわっていく。

$2)\underline{100}$
$2)\ \underline{50}$
$5)\ \underline{25}$
$\ \ \ \ \ 5$

STEP 3 得点アップ問題　　　　　　　本冊 P.16

1　(1) $-\dfrac{1}{7}$　　(2) 5　　(3) $-\dfrac{4}{3}$　　(4) -2

2　(1) 36　　(2) 16　　(3) -1　　(4) 108

3　(1) -1800　　(2) 2　　(3) 170　　(4) 115

4　整数…ア，イ，ウ　正の数の分数…ア，ウ，エ

5　(1) $2^2\times5$　　(2) $2^2\times3^2$

6　(1) -360　　(2) 10　　(3) 3　　(4) $-\dfrac{5}{3}$

　(5) -8　　(6) -5　　(7) 29　　(8) -26

7　(1) 25g　　(2) 61g

8　(1) $\dfrac{12}{7}$　　(2) 1　　(3) $-\dfrac{17}{40}$　　(4) 0

　(5) -16　　(6) -35

解 説

1　(1) $-7=-\dfrac{7}{1}$ より，逆数は $-\dfrac{1}{7}$

　(2) $\dfrac{1}{5}$ の逆数は $\dfrac{5}{1}$，$\dfrac{5}{1}=5$

　(3) 分母と分子を入れかえて，$-\dfrac{4}{3}$

　(4) $-0.5=-\dfrac{1}{2}$ より，逆数は -2

2　(1) $6\times6=36$
　(2) $(-4)\times(-4)=16$
　(3) $(-1)\times(-1)\times(-1)=-1$
　(4) $-2^2\times(-3)^3$
　　$=-(2\times2)\times(-3)\times(-3)\times(-3)$
　　$=-4\times(-27)=108$

3　(1) $(-8)\times9\times25=(-8)\times25\times9$

5

(2) $16 \times \left(\dfrac{3}{8} - \dfrac{1}{4}\right) = 16 \times \dfrac{3}{8} - 16 \times \dfrac{1}{4}$

(3) $17 \times 6 + 17 \times 4 = 17 \times (6+4)$

(4) $23 \times 14 - 9 \times 23 = 23 \times 14 - 23 \times 9$
$= 23 \times (14 - 9)$

4 整数では，除法以外の計算の結果は必ず整数になる。

正の数の分数は，$\dfrac{1}{5} - \dfrac{1}{3} = -\dfrac{2}{15}$ のように，減法では，

計算の結果が負の数の分数になる場合がある。

5 商を下に書きながら，小さい素数で順にわっていく。

(1) 2)20
　　2)10
　　　5

(2) 2)36
　　2)18
　　3)9
　　　3

6 (1) $5 \times (-9) \times 8$
$= -(5 \times 9 \times 8)$
$= -360$

(2) $(-15) \times 6 \div (-9)$
$= 15 \times 6 \times \dfrac{1}{9}$
$= 10$

(3) $36 \div (-2) \div (-6)$
$= 36 \times \dfrac{1}{2} \times \dfrac{1}{6}$
$= 3$

(4) $\dfrac{2}{3} \times \dfrac{5}{4} \div \left(-\dfrac{1}{2}\right)$
$= -\left(\dfrac{2}{3} \times \dfrac{5}{4} \times 2\right)$
$= -\dfrac{5}{3}$

(5) $32 + 8 \times (-5)$
$= 32 + (-40)$
$= 32 - 40$
$= -8$

(6) $-10 - 10 \div (-2)$
$= -10 - (-5)$
$= -10 + 5$
$= -5$

(7) $3 \times (-7) + 2 \times (-5)^2$
$= -21 + 2 \times 25$
$= -21 + 50$
$= 29$

(8) $(-2)^3 - (3-5) \times (-9)$
$= -8 - (-2) \times (-9)$
$= -8 - 18$
$= -26$

7 (1) $(+14) - (-11) = 25 \text{(g)}$

(2) $\{(+5) + (-1) + (+2) + 0 + (-11) + (-4)$
$+ (+3) + (+14)\} \div 8 = 1$
$60 + 1 = 61 \text{(g)}$

8 (1) $2 - \left(-\dfrac{1}{3}\right) \times \left(-\dfrac{6}{7}\right)$
$= 2 - \dfrac{1}{3} \times \dfrac{6}{7} = 2 - \dfrac{2}{7}$
$= \dfrac{12}{7}$

(2) $\left(-\dfrac{2}{3}\right)^2 \times \dfrac{3}{4} \div \dfrac{1}{3}$

$= \dfrac{4}{9} \times \dfrac{3}{4} \times \dfrac{3}{1}$
$= 1$

(3) $\left(-\dfrac{1}{2}\right)^3 - \left(-\dfrac{2}{5}\right)^2 \div \dfrac{8}{15}$

$= -\dfrac{1}{8} - \dfrac{4}{25} \times \dfrac{15}{8} = -\dfrac{1}{8} - \dfrac{3}{10}$

$= -\dfrac{17}{40}$

(4) $19 \times 18 - 23 \times 19 + 19 \times 5$
$= 19 \times 18 - 19 \times 23 + 19 \times 5$
$= 19 \times (18 - 23 + 5)$
$= 19 \times 0$
$= 0$

(5) $(-3) - \{(-8)^2 - (-5)^2\} \div 3$
$= -3 - (64 - 25) \div 3$
$= -3 - 39 \div 3$
$= -3 - 13$
$= -16$

(6) $\dfrac{7}{6} \div (-0.5)^2 \times \left(\dfrac{1}{2} - 2^3\right)$

$= \dfrac{7}{6} \div \dfrac{1}{4} \times \left(-\dfrac{15}{2}\right) = \dfrac{7}{6} \times \dfrac{4}{1} \times \left(-\dfrac{15}{2}\right)$

$= -35$

❶ (1) $-\dfrac{2}{5}$　　(2) 6個　　(3) -5

(4) -1, -0.25, $-\dfrac{1}{5}$, 0, 0.01, $\dfrac{1}{10}$

❷ (1) A$\cdots-2.5$　C$\cdots+2$

(2) $+2.5$　　(3) 3

❸ ウ

❹ (1) $2^2\times3\times5$　　(2) $2\times3^2\times7$

❺ (1) -12　　(2) 16　　(3) -1　　(4) -11

(5) -2.9　　(6) $-\dfrac{1}{12}$　　(7) $-\dfrac{113}{35}$

(8) $\dfrac{1}{3}$

❻ (1) 200　　(2) -1.41　　(3) -1.3　　(4) -120

(5) $\dfrac{15}{2}$　　(6) $\dfrac{1}{2}$　　(7) 4　　(8) 5　　(9) $\dfrac{9}{16}$

❼ (1) 146個　　(2) 11個　　(3) 142個

解説

❶ (1) 0より小さいので負の数。

(2) $-\dfrac{10}{3}=-3.33\cdots$と$+\dfrac{10}{4}=2.5$ の2数の間にある整数は，-3, -2, -1, 0, 1, 2

(3) 絶対値が4より大きい負の整数は，-5, -6, -7, $\cdots$その中でもっとも大きい負の数は-5

(4) $\dfrac{1}{10}=0.1$，$-\dfrac{1}{5}=-0.2$ なので，小さい順に並べると，-1, -0.25, $-\dfrac{1}{5}$, 0, 0.01, $\dfrac{1}{10}$

❷ (1) 目もり1つ分がいくつになるのかに注意して目もりを数える。

(2) $(+5.5)-(-0.5)=6$, $6\div2=3$
点Bから3小さい点がまん中にある点。

(3) 絶対値がもっとも大きい数は点Eにあたる数で-6
絶対値がもっとも小さい数は点Dにあたる数で-0.5
　　$(-6)\times(-0.5)=3$

❸ ア　$2+(-3)=-1$
イ　$2-(-3)=5$
ウ　$2\times(-3)=-6$
エ　$2\div(-3)=-\dfrac{2}{3}$

❹ (1)
```
2)60
2)30
3)15
  5
```
(2)
```
2)126
3) 63
3) 21
   7
```

❺ (1) $(+16)+(-28)=-(28-16)=-12$

(2) $(-56)-(-72)=(-56)+(+72)=16$

(3) $7-(-4)-12=7+4-12=-1$

(4) $-9+11-8-5=-22+11=-11$

(5) $2.4+(-6.6)-(-1.3)$
$=2.4-6.6+1.3=3.7-6.6=-2.9$

(6) $-\dfrac{5}{4}+\dfrac{1}{2}-\left(-\dfrac{2}{3}\right)$

$=-\dfrac{5}{4}+\dfrac{1}{2}+\dfrac{2}{3}=-\dfrac{15}{12}+\dfrac{6}{12}+\dfrac{8}{12}$

$=-\dfrac{1}{12}$

(7) $-\dfrac{3}{7}+(-3)+0.2$

$=-\dfrac{3}{7}-3+\dfrac{1}{5}=-\dfrac{15}{35}-\dfrac{105}{35}+\dfrac{7}{35}$

$=-\dfrac{113}{35}$

(8) $-\dfrac{1}{6}+1-0.5$

$=-\dfrac{1}{6}+\dfrac{6}{6}-\dfrac{3}{6}=\dfrac{2}{6}$

$=\dfrac{1}{3}$

分数の答えは，約分を忘れないこと。

❻ (1) $(-8)\times(-25)=+(8\times25)=200$

(2) $(-4.7)\times0.3=-(4.7\times0.3)=-1.41$

(3) $7.8\div(-6)=-(7.8\div6)=-1.3$

(4) $(-6)\times(-5)\times(-4)=-(6\times5\times4)=-120$

(5) $(-3^2)\div\left(-\dfrac{6}{5}\right)=(-9)\times\left(-\dfrac{5}{6}\right)=\dfrac{15}{2}$

(6) $12\times\left(-\dfrac{1}{4}\right)^2\times\dfrac{2}{3}=12\times\dfrac{1}{16}\times\dfrac{2}{3}=\dfrac{1}{2}$

(7) $40-2^2\times(-3)^2=40-4\times9=40-36$
$=4$

(8) $18+(-5)\times2-3$
$=18-10-3$
$=5$

(9) $-\dfrac{1}{5}\div(-0.3)+(-0.5)^3\times\dfrac{5}{6}$

$=-\dfrac{1}{5}\times\left(-\dfrac{10}{3}\right)+\left(-\dfrac{1}{8}\right)\times\dfrac{5}{6}$

$=\dfrac{2}{3}-\dfrac{5}{48}=\dfrac{32}{48}-\dfrac{5}{48}=\dfrac{27}{48}$

$=\dfrac{9}{16}$

❼ (1) 月曜日の「+6」とは，計画の140個より6個多いことを表しているので，
$140+6=146$(個)

(2) 表の数値を使って計算する。
土曜日と水曜日の個数の差を求めればよい。
$(+8)-(-3)=8+3=11$(個)

(3) 表の数値を使って，6日間の平均を計算する。
$\{(+6)+(-1)+(-3)+0+(+2)+(+8)\}\div6$
$=12\div6=2$(個)
これは，6日間の個数の平均が，計画の140個より2個多いことを示している。
よって，$140+2=142$(個)
実際の各曜日の個数を計算してから求めることもできる。

1 文字を使った式

テストの**要点**を書いて確認　　本冊 P.20

① (1) $-\dfrac{5}{a}$　　(2) $-\dfrac{xy}{z}$

② -7

1. (1) $2xy$　　(2) a^3b　　(3) $-4(x-y)$

(4) $-\dfrac{5}{m}$　　(5) $\dfrac{a-b}{x}$　　(6) $8+12n$

(7) $\dfrac{x}{5}-5y$　　(8) $\dfrac{a}{bc}$

2. (1) $3\times a\times b$　　(2) $-2\times x\times x$

(3) $50\times a+80\times b$　　(4) $x\div3-4\times y\times z$

3. (1) $80x$ 円　　(2) $70x$ m　　(3) $\dfrac{30}{a}$ cm

(4) $(1000-5x)$ 円

4. (1) 11　　(2) 31　　(3) -6　　(4) 5

解説

1. (1) $x\times2\times y=2xy$
　　×をはぶいて数字を前に出す。文字はアルファベット順に書く。
(2) $a\times a\times b\times a=a^3b$
　　同じ文字の積は累乗の形にする。
(3) $(x-y)\times(-4)=-4(x-y)$
　　$(x-y)$ を1つの文字と考えて，-4 を前に出す。
(4) $-5\div m=-\dfrac{5}{m}$
　　÷のうしろの文字や数字が分母になる。
　　$-$ は分数の前に書く。
(5) $(a-b)\div x=\dfrac{a-b}{x}$
　　$(a-b)$ の（　）ははぶく。
(6) $8+12\times n=8+12n$
　　$+$ ははぶくことができない。
(7) $x\div5-y\times5=\dfrac{x}{5}-5y$
　　$-$ ははぶくことができない。
(8) $a\div b\div c=a\times\dfrac{1}{b}\times\dfrac{1}{c}=\dfrac{a}{bc}$

2. (1) $3ab=3\times a\times b$
　　はぶかれている×の記号を入れる。
(2) $-2x^2=-2\times x\times x$
　　指数と同じ数だけ，その文字をかけ合わせる。
(3) $50a+80b=50\times a+80\times b$
(4) $\dfrac{x}{3}-4yz=x\div3-4\times y\times z$

3. (1) （代金）＝（1個あたりの値段）×（個数）
　　　　　　　$=80\times x$（円）
(2) （道のり）＝（速さ）×（時間）
　　　　　　$=70\times x$（m）
(3) （長方形の横の長さ）＝（面積）÷（縦の長さ）
　　　　　　　　　　　$=30\div a$（cm）

---

(4) （おつり）＝（出したお金）－（品物の代金）
　　　　　　$=1000-x\times5$（円）

4. (1) $2x+3y=2\times(-2)+3\times5=11$
　　　　　　　　　$\underset{x}{\underbrace{\quad}}\quad\underset{y}{\underbrace{\quad}}$
　　負の数を代入するときは，（　）をつける。
(2) $-3x+5y=-3\times(-2)+5\times5=31$
(3) $x^2-2y=(-2)^2-2\times5=-6$
(4) $-2x+\dfrac{1}{5}y=-2\times(-2)+\dfrac{1}{5}\times5=5$

1. (1) $7-3x$　　(2) $-2(x+y)$　　(3) $-\dfrac{1}{a}$

(4) $\dfrac{x-y}{2}$　　(5) $\dfrac{ac^2}{b}$　　(6) $a-0.1ab$

2. (1) $3\times b\div a$　　(2) $-5\times(a+b)$

(3) $(2\times x+y)\div3$　　(4) $-2\times x\times x+y\times y\times z$

3. (1) $(150a+80)$ 円　　(2) $(8x-2y)$ 円

(3) $(100a-5b)$ cm　　(4) $\dfrac{175+a+b}{4}$ 点

4. (1) 18　　(2) -26　　(3) -12　　(4) $-\dfrac{11}{3}$

5. (1) 24　　(2) 28　　(3) $-\dfrac{5}{2}$　　(4) -20

6. (1) $(60a+b)$ 分　　(2) $50a$ g

(3) $\dfrac{4}{5}x$ 円（$0.8x$ 円）　　(4) $(200-2x)$ 人

7. (1) りんごとなしの代金の合計
(2) 1人が支払う金額

解説

1. (1) $7-x\times3=7-3x$
(2) $(x+y)\times(-2)=-2(x+y)$
　　$(x+y)$ を1つのまとまりと考える。
(3) $(-1)\div a=-\dfrac{1}{a}$
　　分子の1や-1ははぶくことができない。
　　$-$ は分数の前に書く。
(4) $(x-y)\div2=\dfrac{x-y}{2}$
(5) $a\div b\times c\times c=a\times\dfrac{1}{b}\times c\times c=\dfrac{ac^2}{b}$
　　分母になるのはbだけ。
(6) $a-0.1\times b\times a=a-0.1ab$
　　0.1 の 1 ははぶくことはできない。

2. (1) $\dfrac{3b}{a}=3\times b\div a$
　　÷のうしろにaがくればよいので，$3\div a\times b$ でもよい。
(2) $-5(a+b)=-5\times(a+b)$
　　（　）ははずさない。
(3) $\dfrac{2x+y}{3}=(2x+y)\div3=(2\times x+y)\div3$
　　$2x+y$ は1つのまとまりなので，（　）をつける。
(4) $-2x^2+y^2z=-2\times x\times x+y\times y\times z$

3. (1) （代金の合計）＝（お菓子の代金）＋（箱代）
　　　　　　　　　$=150\times a+80$（円）

(2) (残金)＝(出し合った合計の金額)−(バットの代金)
$$= x \times 8 - y \times 2 (円)$$

(3) (残りの長さ)
＝(はじめの長さ)−(切りとった長さ)
$$= 100 \times a - b \times 5 (cm)$$
1m＝100cmなので，a m＝$100a$ cm
$\left(a - \dfrac{b}{20}\right)$mでもよい。

(4) (平均点)＝(合計点)÷(テストの回数)
$$= (85 + a + b + 90) \div 4 (点)$$

4 (1) $-6x = -6 \times (-3) = 18$

(2) $10x + 4 = 10 \times (-3) + 4 = -26$

(3) $-x^2 - 3 = -(-3)^2 - 3$
$$= -12$$

(4) $\dfrac{8}{x} - 1 = \dfrac{8}{-3} - 1$
$$= -\dfrac{8}{3} - 1$$
$$= -\dfrac{11}{3}$$

5 (1) $-3ab = -3 \times 4 \times (-2)$
$$= 24$$

(2) $5a - 4b = 5 \times 4 - 4 \times (-2)$
$$= 28$$

(3) $\dfrac{a}{b} + \dfrac{b}{a} = \dfrac{4}{-2} + \dfrac{-2}{4} = -2 - \dfrac{1}{2}$
$$= -\dfrac{5}{2}$$

(4) $-2a - 3b^2 = -2 \times 4 - 3 \times (-2)^2$
$$= -8 - 12$$
$$= -20$$

6 (1) 時間を分になおし，単位を合わせる。
a時間＝$60a$分なので，$60a + b (分)$

(2) 1%は$\dfrac{1}{100}$なので，**a%は$\dfrac{a}{100}$**
$$5000 \times \dfrac{a}{100} = 50a (g)$$

(3) 1割は$\dfrac{1}{10}$なので，定価の2割引きは，
$$1 - \dfrac{2}{10} = \dfrac{8}{10}$$
よって，定価の$\dfrac{8}{10}$倍の値段になる。
$$x \times \dfrac{8}{10} = \dfrac{4}{5}x \ (0.8x) (円)$$

(4) 女子の人数は，
$$200 \times \dfrac{x}{100} = 2x (人)$$
男子の人数＝全体の人数−女子の人数
$$= 200 - 2x (人)$$

7 (1) $60a$は，りんごの代金を表している。$80b$は，なしの代金を表している。

(2) 3人で等分するとは，3人がそれぞれ等しい金額を支払うということである。

2 文字式の計算・利用

STEP **1** 要点チェック

テストの**要点**を書いて確認　　　　　**本冊 P.24**

① 項…$4x$，$-y$　xの係数…4，yの係数…-1

② (1) $8x$　　(2) $-10a$　　(3) -10

STEP **2** 基本問題　　　　　**本冊 P.25**

1 (1) $5x - 4$　　(2) $-4.3a$　　(3) $7x + 7$
(4) $10x - 8$　　(5) $\dfrac{7}{4}a - 7$

2 (1) $-9a$　　(2) $-8a$　　(3) $-9x + 15$
(4) $15x - 10$　　(5) $-2x + 3$　　(6) $4a - 3$
(7) 9　　(8) $-11x - 3$

3 (1) $2a + 3b = 40$
(2) $10 - x \leqq 3$
(3) $a = 5b - 4 \ (5b = a + 4)$
(4) $3x + 0.001a > 2$
$\left(3x + \dfrac{1}{1000}a > 2, \ 3000x + a > 2000\right)$

解 説

1 (1) $2x - 4 + 3x$
$$= 2x + 3x - 4$$
$$= (2 + 3)x - 4$$
$$= 5x - 4$$

(2) $-2.5a + 4.6 - 1.8a - 4.6$
$$= (-2.5 - 1.8)a + 4.6 - 4.6$$
$$= -4.3a$$

(3) $5x - 1 + (2x + 8)$
$$= 5x - 1 + 2x + 8$$
$$= 5x + 2x - 1 + 8$$
$$= 7x + 7$$

(4) $(x - 5) + (9x - 3)$
$$= x - 5 + 9x - 3$$
$$= x + 9x - 5 - 3$$
$$= 10x - 8$$

(5) $\left(\dfrac{3}{4}a - 5\right) - (2 - a)$
$$= \dfrac{3}{4}a - 5 - 2 + a$$
$$= \dfrac{3}{4}a + a - 5 - 2$$
$$= \dfrac{7}{4}a - 7$$

［別解］ 次のように計算してもよい。
(4) 　　$x - 5$
$$\underline{+) \ 9x - 3}$$
$$10x - 8$$

2 (1) $15a \times \left(-\dfrac{3}{5}\right)$
$$= 15 \times a \times \left(-\dfrac{3}{5}\right)$$
$$= 15 \times \left(-\dfrac{3}{5}\right) \times a$$
$$= -9a$$

(2) $12a \div \left(-\dfrac{3}{2}\right)$

$= 12a \times \left(-\dfrac{2}{3}\right)$

$= 12 \times a \times \left(-\dfrac{2}{3}\right)$

$= 12 \times \left(-\dfrac{2}{3}\right) \times a$

$= -8a$

(3) $(3x-5) \times (-3)$

$= 3x \times (-3) - 5 \times (-3)$

$= -9x + 15$

(4) $\dfrac{3x-2}{4} \times 20$

$= \dfrac{(3x-2) \times 20}{4}$

$= (3x-2) \times 5$

$= 15x - 10$

(5) $-6\left(\dfrac{1}{3}x - \dfrac{1}{2}\right)$

$= -6 \times \dfrac{1}{3}x - 6 \times \left(-\dfrac{1}{2}\right)$

$= -2x + 3$

(6) $(32a - 24) \div 8$

$= 32a \div 8 - 24 \div 8$

$= 4a - 3$

(7) $(x+6) - \dfrac{1}{3}(3x-9)$

$= x + 6 - \dfrac{1}{3} \times 3x - \dfrac{1}{3} \times (-9)$

$= x + 6 - x + 3$

$= 9$

(8) $-4(2x-3) - 3(x+5)$

$= -8x + 12 - 3x - 15$

$= -11x - 3$

---

3 (1) a の2倍は $a \times 2 = 2a$, b の3倍は $b \times 3 = 3b$
よって,
$2a + 3b = 40$

(2) （はじめにあったひもの長さ）−（切りとった長さ）
= （残りの長さ）なので,
$10 - x \leqq 3$
「以下」は3mもふくむので，$\leqq 3$ となる。

(3) 1人に5個ずつb 人に配ると，a 個よりも4個多く必要ということであるので，$5b = a + 4$でもよい。

(4) 単位を合わせる。$1\text{g} = 0.001\text{kg}$ なので,
$3x + 0.001a > 2$
「より重くなった」は2kgはふくまないので>2
単位をgに合わせてもよい。

> **ミス注意!**
> 5 以上のときは　$\geqq 5$
> 5 より大きいときは　> 5
> 5 以下のときは　$\leqq 5$
> 5 より小さい（未満）のときは　< 5

STEP 3　得点アップ問題　本冊 P.26

1 (1) 和 $11a-1$　　　差 $7a-5$

(2) 和 0　　　差 $6b-10$

(3) 和 $-x+5$　　　差 $-9x+7$

(4) 和 $-5y-3$　　　差 $3y+15$

---

2 (1) $-12a+15$　　(2) $-2x+3$

(3) $-6a-1$　　(4) $-4x+8$

3 (1) $3x-4$　　(2) $-12a+4$

(3) $-16x-8$　　(4) $-\dfrac{12}{5}a+3$

4 (1) $\dfrac{11}{30}x$ 時間

(2) 帰りのほうが $\dfrac{x}{30}\left(\dfrac{1}{30}x\right)$ 時間多い。

5 (1) $11x$　　(2) $-13x+22$　　(3) $4a+1$

(4) $5x-1$　　(5) $\dfrac{25}{12}x-5$

(6) $\dfrac{7x-3}{12}\left(\dfrac{7}{12}x-\dfrac{1}{4}\right)$　　(7) $\dfrac{2a-29}{15}$

(8) $\dfrac{-2a+7}{6}\left(-\dfrac{1}{3}a+\dfrac{7}{6}\right)$

6 (1) $2(4+x)=18$

(2) $2x-56 \geqq -10$

(3) $a-0.8b<3\left(a-\dfrac{4}{5}b<3, \ 10a-8b<30\right)$

(4) $13.5x=y\left(\dfrac{27}{2}x=y\right)$

7 (1) りんご1個とみかん1個の値段の差

(2) りんご6個とみかん10個の代金の合計

(3) 1人が支払った金額

> **解説**
>
> **1** (1) $\quad(9a-3)+(2a+2)$
> $\quad = 9a-3+2a+2$
> $\quad = 11a-1$
> $\quad(9a-3)-(2a+2)$
> $\quad = 9a-3-2a-2$
> $\quad = 7a-5$
>
> (2) $\quad(3b-5)+(-3b+5)$
> $\quad = 3b-5-3b+5$
> $\quad = 0$
> $\quad(3b-5)-(-3b+5)$
> $\quad = 3b-5+3b-5$
> $\quad = 6b-10$
>
> (3) $\quad(-5x+6)+(4x-1)$
> $\quad = -5x+6+4x-1$
> $\quad = -x+5$
> $\quad(-5x+6)-(4x-1)$
> $\quad = -5x+6-4x+1$
> $\quad = -9x+7$
>
> (4) $\quad(-y+6)+(-4y-9)$
> $\quad = -y+6-4y-9$
> $\quad = -5y-3$
> $\quad(-y+6)-(-4y-9)$
> $\quad = -y+6+4y+9$
> $\quad = 3y+15$
>
> **2** 分配法則を利用して計算する。
> (1) $\quad-3(4a-5)$
> $\quad = -3 \times 4a - 3 \times (-5)$
> $\quad = -12a + 15$
>
> (2) $\quad\dfrac{1}{4}(-8x+12)$

$$= \frac{1}{4} \times (-8x) + \frac{1}{4} \times 12$$
$$= -2x + 3$$

(3) $\quad -9\left(\dfrac{2}{3}a + \dfrac{1}{9}\right)$

$$= -9 \times \frac{2}{3}a - 9 \times \frac{1}{9}$$
$$= -6a - 1$$

(4) $\quad \dfrac{2x-4}{7} \times (-14)$

$$= \frac{(2x-4) \times (-14)}{7}$$
$$= (2x-4) \times (-2)$$
$$= -4x + 8$$

3 (1) $\quad (6x-8) \div 2$

$$= 6x \div 2 - 8 \div 2$$
$$= 3x - 4$$

(2) $\quad (36a - 12) \div (-3)$

$$= 36a \div (-3) - 12 \div (-3)$$
$$= -12a + 4$$

(3) $\quad (4x+2) \div \left(-\dfrac{1}{4}\right)$

$$= (4x+2) \times (-4)$$
$$= -16x - 8$$

(4) $\quad \left(-\dfrac{2}{5}a + \dfrac{1}{2}\right) \div \dfrac{1}{6}$

$$= \left(-\frac{2}{5}a + \frac{1}{2}\right) \times 6$$
$$= -\frac{12}{5}a + 3$$

4 （時間）＝（道のり）÷（速さ）

(1) 行きにかかった時間 $\quad x \div 6 = \dfrac{x}{6}$（時間）

　　帰りにかかった時間 $\quad x \div 5 = \dfrac{x}{5}$（時間）

$$\frac{x}{6} + \frac{x}{5} = \frac{5}{30}x + \frac{6}{30}x = \frac{11}{30}x \text{（時間）}$$

(2) $\dfrac{x}{5} - \dfrac{x}{6} = \dfrac{1}{30}x$（時間）

ミス注意！

時速が遅いほうがより時間がかかるので，時間の
差は $\dfrac{x}{6} - \dfrac{x}{5}$ ではなくて，$\dfrac{x}{5} - \dfrac{x}{6}$（時間）となる。

5 (1) $\quad 3(2x-5) + 5(x+3)$

$$= 6x - 15 + 5x + 15$$
$$= 11x$$

(2) $\quad 5(-x+2) - 4(2x-3)$

$$= -5x + 10 - 8x + 12$$
$$= -13x + 22$$

(3) $\quad 0.6(10a-5) - 0.4(5a-10)$

$$= 6a - 3 - 2a + 4$$
$$= 4a + 1$$

(4) $\quad 3\left(x - \dfrac{2}{3}\right) + 2\left(x + \dfrac{1}{2}\right)$

$$= 3x - 2 + 2x + 1$$
$$= 5x - 1$$

(5) $\quad 2\left(\dfrac{2}{3}x + 5\right) + 3\left(\dfrac{1}{4}x - 5\right)$

$$= \frac{4}{3}x + 10 + \frac{3}{4}x - 15$$

$$= \frac{16}{12}x + \frac{9}{12}x + 10 - 15$$
$$= \frac{25}{12}x - 5$$

(6) $\quad \dfrac{x}{3} + \dfrac{x-1}{4}$

$$= \frac{4x + 3(x-1)}{12}$$
$$= \frac{4x + 3x - 3}{12}$$
$$= \frac{7x-3}{12} \quad \left(\frac{7}{12}x - \frac{1}{4}\right)$$

ミス注意！

$\dfrac{7x-3}{12}$ を $\dfrac{7x - \overset{1}{3}}{\underset{4}{12}}$ のように分子の一部だけで約分
しないように注意！

(7) $\quad \dfrac{4a-3}{5} - \dfrac{2a+4}{3}$

$$= \frac{3(4a-3) - 5(2a+4)}{15}$$
$$= \frac{12a - 9 - 10a - 20}{15}$$
$$= \frac{2a - 29}{15}$$

(8) $\quad a - \dfrac{1-2a}{6} + \dfrac{4-5a}{3}$

$$= \frac{6a - (1-2a) + 2(4-5a)}{6}$$
$$= \frac{6a - 1 + 2a + 8 - 10a}{6}$$
$$= \frac{-2a+7}{6} \quad \left(-\frac{1}{3}a + \frac{7}{6}\right)$$

6 (1) $4 + x$ の2倍は，$2(4+x)$

(2) $x \times 2 - 56 \geqq -10$
　「以上」なので，不等号に＝（イコール）が入る。

(3) $1L = 10dL$ なので，$b\,dL = 0.1b\,L$
　　$a - 0.1b \times 8 < 3$
　「〜より少なくなった」なので，不等号に＝（イコー
　ル）は入らない。
　　dL に単位をそろえて，
　　$10a - 8b < 30$
　としてもよい。

(4) x 円の品物の1割引きの値段は，$0.9x$（円）
　　$0.9x \times 15 = y$

7 (1) a はりんご1個の値段，b はみかん1個の値段を表し
　ている。

(2) $6a$ はりんご6個の代金，$10b$ はみかん10個の代金
　を表しているので，$6a + 10b$ は，合計の代金を表
　している。

(3) 合計の代金を3でわっているので，1人分の金額を
　表している。

11

❶ (1) $2xy$　　(2) $\dfrac{x}{y}$　　(3) $\dfrac{a}{b}-4c^2$

(4) $\dfrac{acd}{b}$

❷ (1) $-3a+2$　　(2) $9a+3$　　(3) $-2x$

(4) $6x-15$　　(5) $-15a$　　(6) $14a-7$

(7) $20x-25$　　(8) $\dfrac{7a+3}{2}$

❸ (1) $(3x+100y)$円

(2) $3(3+x)$ cm²

(3) $(ab+8)$個

(4) $100a+80+b$

❹ (1) 項…$-a$, $-\dfrac{b}{5}$, $\dfrac{1}{2}$

　　aの係数…-1　bの係数…$-\dfrac{1}{5}$

(2) $-\dfrac{47}{4}$

❺ (1) $-2x+7$　　(2) $x+1$

(3) $0.5x-1$　　(4) $5x-2$

(5) $-\dfrac{5}{6}$　　(6) $\dfrac{-3x+13}{6}$

❻ (1) $2a+18=8b$

　　$\left(a+9=4b,\ \dfrac{2a+18}{8}=b,\ \dfrac{a+9}{4}=b\right)$

(2) $\dfrac{5}{12}x\leqq5$

(3) $a=\dfrac{21}{20}b$

　　$\left(a=\dfrac{105}{100}b,\ b=\dfrac{20}{21}a,\ a=1.05b\right)$

❼ (1) 男子20人の合計点

(2) $(22a+88)$点 $(22(a+4)$点$)$

(3) $\dfrac{21a+44}{21}$点 $\left(\left(a+\dfrac{44}{21}\right)\text{点}\right)$

解 説

❶ (1) $y\times x\times2=2\times x\times y=2xy$

(2) $x\times(-1)\div(-y)$

　　$=-x\div(-y)=\dfrac{-x}{-y}=\dfrac{x}{y}$

(3) $a\div b-c\times c\times4$

　　$=\dfrac{a}{b}-4\times c\times c=\dfrac{a}{b}-4c^2$

(4) $a\div b\times c\times d$

　　$=\dfrac{a\times c\times d}{b}=\dfrac{acd}{b}$

　　分母は÷のうしろのbだけであることに注意。

❷ (1) $a+2-4a$

　　$=a-4a+2$

　　$=(1-4)a+2$

　　$=-3a+2$

(2) $(7a-2)-(-2a-5)$

　　$=7a-2+2a+5$

$=7a+2a-2+5$

$=9a+3$

$$\begin{array}{r}7a-2\\-)-2a-5\\\hline\end{array}\Rightarrow\begin{array}{r}7a-2\\+)2a+5\\\hline9a+3\end{array}$$

(3) $8x\times\left(-\dfrac{1}{4}\right)$

　　$=8\times\left(-\dfrac{1}{4}\right)\times x$

　　$=-2x$

(4) $15\times\left(\dfrac{2}{5}x-1\right)$

　　$=15\times\dfrac{2}{5}x-15\times1$

　　$=6x-15$

(5) $10a\div\left(-\dfrac{2}{3}\right)$

　　$=10a\times\left(-\dfrac{3}{2}\right)=10\times\left(-\dfrac{3}{2}\right)\times a$

　　$=-15a$

(6) $(8a-4)\div\dfrac{4}{7}$

　　$=(8a-4)\times\dfrac{7}{4}$

　　$=8a\times\dfrac{7}{4}-4\times\dfrac{7}{4}$

　　$=14a-7$

(7) $(-8x+10)\times\left(-\dfrac{5}{2}\right)$

　　$=-8x\times\left(-\dfrac{5}{2}\right)+10\times\left(-\dfrac{5}{2}\right)$

　　$=20x-25$

(8) $\dfrac{9a-5}{2}-(a-4)$

　　$=\dfrac{9a-5-2(a-4)}{2}$

　　$=\dfrac{9a-5-2a+8}{2}$

　　$=\dfrac{7a+3}{2}$

❸ (1) みかんの代金　$x\times3$(円)
　　りんごの代金　$100\times y$(円)

(2) 横の長さは$3+x$(cm)

(3) a人の子どもに1人b個ずつ配ったあめの数は
　　$a\times b$(個)
　　さらに8個余っていたので，$ab+8$(個)

(4) **百の位が$a\rightarrow100a$**

　　$100a+10\times8+1\times b=100a+80+b$

❹ (1) $-$（マイナス）がついている項は，$-$もふくめて
　　1つの項と考える。数だけの項もある。

　　aの係数は-1，$-\dfrac{b}{5}$は，$-\dfrac{1}{5}b$と考えて，bの係
　　数は$-\dfrac{1}{5}$

(2) a^2-3b

　　$=\left(-\dfrac{1}{2}\right)^2-3\times4$

　　$=\dfrac{1}{4}-12$

　　$=\dfrac{1}{4}-\dfrac{48}{4}$

$$=-\frac{47}{4}$$

❺ (1) $3(2x+1)+4(-2x+1)$
$=6x+3-8x+4$
$=-2x+7$

(2) $5(x-1)-2(2x-3)$
$=5x-5-4x+6$
$=x+1$

(3) $0.3(x-2)-0.2(2-x)$
$=0.3x-0.6-0.4+0.2x$
$=0.5x-1$

(4) $\frac{1}{2}(4x-2)-\frac{1}{3}(3-9x)$
$=2x-1-1+3x$
$=5x-2$

(5) $\frac{1}{2}(3x-4)-\frac{1}{6}(9x-7)$
$=\frac{3}{2}x-2-\frac{3}{2}x+\frac{7}{6}$
$=-\frac{5}{6}$

(6) $\frac{x+5}{6}-\frac{2x-4}{3}$
$=\frac{x+5-2(2x-4)}{6}$
$=\frac{x+5-4x+8}{6}$
$=\frac{-3x+13}{6}$

❻ (1) （平均の重さ）＝（合計の重さ）÷（個数）
より，
（合計の重さ）＝（平均の重さ）×（個数）
よって，
$a\times2+3\times6=b\times8$

(2) 行きも帰りも歩いた道のりは x km
$x\div4+x\div6\leqq5$

(3) b 人より5%多いので，
$b\times\left(1+\frac{5}{100}\right)$
よって，a は，
$a=b\times\frac{105}{100}$

❼ **（平均点）＝（合計点）÷（人数）**
(1) （合計点）＝（平均点）×（人数）なので，$20a$ は，男子の合計点を表している。

(2) 女子の平均点は $a+4$（点）
$22(a+4)=22a+88$（点）
は女子の合計点を表す。

(3) $\frac{20a+(22a+88)}{20+22}=\frac{42a+88}{42}$
$=\frac{21a+44}{21}$（点）

---

1 方程式とその解き方

STEP **1** 要点チェック

テストの **要点** を書いて確認　　　本冊 P.30

① (1) $x=-2$　　(2) $x=3$

STEP **2** 基本問題　　　本冊 P.31

1 (1) $x=-1$　　(2) $x=3$　　(3) $x=-14$
(4) $x=\frac{3}{2}$　　(5) $x=-8$　　(6) $x=-\frac{1}{15}$

2 (1) $x=-2$　　(2) $x=-\frac{4}{3}$　　(3) $x=-9$
(4) $x=-1$　　(5) $x=-3$　　(6) $x=14$
(7) $x=7$　　(8) $x=11$

3 (1) $x=1$　　(2) $x=\frac{1}{4}$　　(3) $x=-10$
(4) $x=-5$　　(5) $x=3$　　(6) $x=\frac{25}{3}$

解 説

1 (1) $x-4=-5$
$x-4+4=-5+4$
$x=-1$

(2) $x+3=6$
$x+3-3=6-3$
$x=3$

(3) $\frac{x}{2}=-7$
$\frac{x}{2}\times2=-7\times2$
$x=-14$

(4) $\frac{x}{3}=\frac{1}{2}$
$\frac{x}{3}\times3=\frac{1}{2}\times3$
$x=\frac{3}{2}$

(5) $-4x=32$
$-4x\div(-4)=32\div(-4)$
$x=-8$

(6) $6x=-\frac{2}{5}$
$6x\div6=-\frac{2}{5}\div6$
$x=-\frac{1}{15}$

2 (1) $2x+5=1$　⎤（移項）
$2x=1-5$　⎦
$2x=-4$
$x=-2$

(2) $5x+4=2x$　（移項）
$5x-2x=-4$
$3x=-4$
$x=-\frac{4}{3}$

13

(3) $8x - 3 = 4x - 39$
$\quad 8x - 4x = -39 + 3$
$\quad\quad 4x = -36$
$\quad\quad\ x = -9$

(4) $-\dfrac{1}{2}(6x - 4) = x + 6$
$\quad -3x + 2 = x + 6$
$\quad -3x - x = 6 - 2$
$\quad\quad -4x = 4$
$\quad\quad\ x = -1$

(5) $5x + 3 = 2(x - 3)$
$\quad 5x + 3 = 2x - 6$
$\quad 5x - 2x = -6 - 3$
$\quad\quad 3x = -9$
$\quad\quad\ x = -3$

(6) $3(x - 2) = 2(4 + x)$
$\quad 3x - 6 = 8 + 2x$
$\quad 3x - 2x = 8 + 6$
$\quad\quad x = 14$

(7) $5(x - 3) - 2(x + 3) = 0$
$\quad 5x - 15 - 2x - 6 = 0$
$\quad\quad 5x - 2x = 15 + 6$
$\quad\quad\quad 3x = 21$
$\quad\quad\quad\ x = 7$

(8) $13 - 9(x - 2) = -2(3x + 1)$
$\quad 13 - 9x + 18 = -6x - 2$
$\quad -9x + 6x = -2 - 13 - 18$
$\quad\quad -3x = -33$
$\quad\quad\ x = 11$

3 (1) $1.8x - 2.5 = 0.9 - 1.6x$ ⟩ すべての項を
$\quad 18x - 25 = 9 - 16x$ ⟩ 10倍する
$\quad 18x + 16x = 9 + 25$
$\quad\quad 34x = 34$
$\quad\quad\ x = 1$

(2) $0.4x - 1 = 2x - 1.4$
$\quad 4x - 10 = 20x - 14$
$\quad 4x - 20x = -14 + 10$
$\quad\quad -16x = -4$
$\quad\quad\ x = \dfrac{1}{4}$

(3) $0.5x - 2 = 0.2(4x + 5)$
$\quad 5x - 20 = 2(4x + 5)$
$\quad 5x - 20 = 8x + 10$
$\quad 5x - 8x = 10 + 20$
$\quad\quad -3x = 30$
$\quad\quad\ x = -10$

ミス注意!
小数を10倍，100倍して整数にして計算すると簡単
だが，$0.2(4x + 5)$ のようにかっこのあるときは，
かっこの中は10倍，100倍しない。

(4) $\dfrac{x}{5} - \dfrac{1}{2} = \dfrac{x}{2} + 1$ ⟩ すべての項に2と5の最小公倍数
$\quad 2x - 5 = 5x + 10$ ⟩ 10をかける
$\quad\quad -3x = 15$
$\quad\quad\ x = -5$

(5) $\dfrac{x + 1}{8} = \dfrac{x - 2}{2}$
$\quad x + 1 = 4(x - 2)$
$\quad x + 1 = 4x - 8$
$\quad\quad -3x = -9$

$\quad\quad\ x = 3$

(6) $0.7x + \dfrac{1}{2} = 10.5 - \dfrac{1}{2}x$
$\quad 7x + 5 = 105 - 5x$
$\quad\quad 12x = 100$
$\quad\quad\ x = \dfrac{25}{3}$

本冊 P.32

STEP 3 得点アップ問題

1 (1) $x = 22$　　(2) $x = -19$　　(3) $x = -\dfrac{1}{6}$

(4) $x = \dfrac{13}{12}$　　(5) $x = -0.4$

(6) $x = 0.5$　　(7) $x = -5.1$ $\left(x = -\dfrac{51}{10}\right)$

2 (1) $x = -10$　　(2) $x = -9$　　(3) $x = -\dfrac{3}{2}$

(4) $x = 3$　　(5) $x = 0$　　(6) $x = \dfrac{2}{3}$

3 (1) $x = 1$　　(2) $x = -4$　　(3) $x = 1$

(4) $x = \dfrac{1}{2}$　　(5) $x = \dfrac{1}{24}$　　(6) $x = 5$

4 (1) $x = 3$　　(2) $x = 1$　　(3) $x = 5$

(4) $x = 4$　　(5) $x = -4$　　(6) $x = 4$

(7) $x = \dfrac{13}{4}$　　(8) $x = -1$

5 (1) $x = -\dfrac{10}{3}$　　(2) $x = -\dfrac{1}{2}$　　(3) $x = -5$

(4) $x = -20$　　(5) $x = 3$　　(6) $x = \dfrac{8}{3}$

(7) $x = \dfrac{1}{11}$　　(8) $x = 5$

解 説

1 (1) $x - 13 = 9$
$\quad x = 9 + 13$
$\quad x = 22$

(2) $x + 7 = -12$
$\quad x = -12 - 7$
$\quad x = -19$

(3) $\quad\dfrac{2}{3} + x = \dfrac{1}{2}$
$\quad \dfrac{2}{3} \times 6 + x \times 6 = \dfrac{1}{2} \times 6$
$\quad\quad 4 + 6x = 3$
$\quad\quad 6x = 3 - 4$
$\quad\quad x = -\dfrac{1}{6}$

(4) $\quad x - \dfrac{5}{6} = \dfrac{1}{4}$
$\quad x \times 12 - \dfrac{5}{6} \times 12 = \dfrac{1}{4} \times 12$
$\quad\quad 12x - 10 = 3$
$\quad\quad 12x = 3 + 10$
$\quad\quad x = \dfrac{13}{12}$

(5) $x - 0.8 = -1.2$
$\quad x = -1.2 + 0.8$
$\quad x = -0.4$

(6) $2.3 = x + 1.8$
$\quad -x = 1.8 - 2.3$
$\quad -x = -0.5$
$\quad x = 0.5$

(7) $5.6 + x = \dfrac{1}{2}$
$\quad 5.6 + x = 0.5$
$\quad\quad x = 0.5 - 5.6$
$\quad\quad x = -5.1$

［別解］ $5.6 = \dfrac{56}{10}$ より,

$\quad\quad \dfrac{56}{10} + x = \dfrac{1}{2}$

$\quad\quad\quad x = \dfrac{5}{10} - \dfrac{56}{10}$

$\quad\quad\quad x = -\dfrac{51}{10}$

2 (1) $\dfrac{x}{5} = -2$
$\quad\quad x = -10$

(2) $-\dfrac{x}{9} = 1$
$\quad -x = 9$
$\quad\quad x = -9$

(3) $-\dfrac{1}{5}x = \dfrac{3}{10}$

$\quad\quad x = \dfrac{3}{10} \div \left(-\dfrac{1}{5}\right)$

$\quad\quad x = -\dfrac{3}{2}$

(4) $-15x = -45$
$\quad\quad x = 3$

(5) $-6x = 0$
$\quad\quad x = 0$

$a \neq 0$ のとき, $ax = 0$ ならば, $x = 0$ である。

(6) $-\dfrac{5}{7}x = -\dfrac{10}{21}$

$\quad\quad x = -\dfrac{10}{21} \div \left(-\dfrac{5}{7}\right)$

$\quad\quad x = \dfrac{2}{3}$

3 (1) $2x - 4 = -2$
$\quad\quad 2x = -2 + 4$
$\quad\quad 2x = 2$
$\quad\quad\; x = 1$

(2) $\quad 5x = 3x - 8$
$\quad 5x - 3x = -8$
$\quad\quad 2x = -8$
$\quad\quad\; x = -4$

(3) $\quad 9x - 1 = 8x$
$\quad 9x - 8x = 1$
$\quad\quad\quad x = 1$

(4) $\quad -x = 3 - 7x$
$\quad -x + 7x = 3$
$\quad\quad 6x = 3$
$\quad\quad\; x = \dfrac{1}{2}$

(5) $4x + \dfrac{1}{2} = \dfrac{2}{3}$
$\quad 24x + 3 = 4$
$\quad\quad 24x = 4 - 3$

$x = \dfrac{1}{24}$

(6) $\quad x - 2 = \dfrac{3}{5}x$
$\quad 5x - 10 = 3x$
$\quad 5x - 3x = 10$
$\quad\quad 2x = 10$
$\quad\quad\; x = 5$

4 (1) $3x - 2 = x + 4$
$\quad 3x - x = 4 + 2$
$\quad\quad 2x = 6$
$\quad\quad\; x = 3$

(2) $5x + 7 = 4x + 8$
$\quad 5x - 4x = 8 - 7$
$\quad\quad\quad x = 1$

(3) $3x - (2 - x) = 18$
$\quad 3x - 2 + x = 18$
$\quad\quad 4x = 20$
$\quad\quad\; x = 5$

(4) $2x - 3(1 - x) = 17$
$\quad 2x - 3 + 3x = 17$
$\quad\quad 5x = 20$
$\quad\quad\; x = 4$

(5) $-4(2 + x) = 4(6 + x)$
$\quad -(2 + x) = 6 + x$
$\quad -2 - x = 6 + x$
$\quad\quad -2x = 8$
$\quad\quad\;\; x = -4$

(6) $2(x - 4) = 3(2x - 8)$
$\quad 2x - 8 = 6x - 24$
$\quad 2x - 6x = -24 + 8$
$\quad\quad -4x = -16$
$\quad\quad\;\; x = 4$

(7) $12 - 2(x - 3) = 5 + 2x$
$\quad 12 - 2x + 6 = 5 + 2x$
$\quad -2x - 2x = 5 - 12 - 6$
$\quad\quad -4x = -13$
$\quad\quad\;\; x = \dfrac{13}{4}$

(8) $20 + 4(3x - 1) = -2(5x + 3)$
$\quad 20 + 12x - 4 = -10x - 6$
$\quad 12x + 10x = -6 - 20 + 4$
$\quad\quad 22x = -22$
$\quad\quad\;\; x = -1$

5 (1) $3 + 0.7x - 0.4x = 2$
$\quad 30 + 7x - 4x = 20$
$\quad\quad 3x = -10$
$\quad\quad\; x = -\dfrac{10}{3}$

(2) $4.5(3x + 1) = 0.5(x - 4)$
$\quad 45(3x + 1) = 5(x - 4)$
$\quad 9(3x + 1) = x - 4$
$\quad 27x + 9 = x - 4$
$\quad 27x - x = -4 - 9$
$\quad\quad 26x = -13$
$\quad\quad\; x = -\dfrac{1}{2}$

(3) $0.01x - 1 = 0.23x + 0.1$
$\quad x - 100 = 23x + 10$
$\quad -22x = 110$
$\quad\quad x = -5$

(4) $\dfrac{x}{4} - \dfrac{2}{3} = 1 + \dfrac{x}{3}$

$3x - 8 = 12 + 4x$

$-x = 20$

$x = -20$

(5) $-\dfrac{x}{3} + 1 = \dfrac{x-3}{5}$

$-5x + 15 = 3(x-3)$

$-5x + 15 = 3x - 9$

$-8x = -24$

$x = 3$

(6) $\dfrac{2x-5}{2} = \dfrac{x-2}{4}$

$2(2x-5) = x-2$

$4x - 10 = x - 2$

$3x = 8$

$x = \dfrac{8}{3}$

(7) $\dfrac{x+1}{3} - \dfrac{5x-3}{4} = 1$

$4(x+1) - 3(5x-3) = 12$

$4x + 4 - 15x + 9 = 12$

$-11x = -1$

$x = \dfrac{1}{11}$

(8) $300(2x+6) = 400(3x-3)$

$3(2x+6) = 4(3x-3)$

$6x + 18 = 12x - 12$

$-6x = -30$

$x = 5$

2 1次方程式の利用

本冊 P.34

STEP 1 要点チェック

テストの **要点** を書いて確認

① 6, 4

STEP 2 基本問題

本冊 P.35

1 (1) $(20-x)$個

(2) $50x + 80(20-x) = 1240$

(3) $x = 12$

(4) みかん…12個　かき…8個

2 (1) $400 - 15x = 40$　　(2) 24本

3 (1) $40x - 20 = 35x + 70$

(2) 18円　　(3) 700円

4 (1) 子ども…$(13+x)$歳　　父…$(37+x)$歳

(2) $2(13+x) = 37+x$　11年後

解 説

1 (1) 20個のうち，みかんをx個とすると，かきは$(20-x)$個と表される。

(2) (みかんの代金) + (かきの代金) = (合計の代金)

みかんの代金　$50x$

かきの代金　$80 \times (20-x)$

よって，方程式は，

$50x + 80(20-x) = 1240$

(3) $50x + 1600 - 80x = 1240$

$-30x = -360$

$x = 12$

(4) かきの個数は $20 - 12 = 8$(個)

2 単位をそろえて式をつくる。4m = 400cm

(1) 切りとったひもの長さは $15 \times x$(cm)

よって，$400 - 15x = 40$

(2) (1)の方程式を解くと，$x = 24$

15cmのひもは24本

3 持っていたお金の金額を2通りの方法で表す。

(1) ・40個買おうとすると，20円不足

$\rightarrow (40x - 20)$円

・35個買おうとすると，70円余る

$\rightarrow (35x + 70)$円

$40x - 20 = 35x + 70$

(2) 方程式を解くと，$x = 18$

よって，卵1個は18円

(3) 持っていたお金は，$40 \times 18 - 20 = 700$(円)

4 (1) x年後は，子どもも父もともにx歳年齢がふえる。

子ども $13+x$(歳)　父 $37+x$(歳)

(2) (子どもの年齢)$\times 2 =$ (父の年齢)

$(13+x) \times 2 = 37+x$

$x = 11$

よって，11年後

STEP 3 得点アップ問題

本冊 P.36

1 (1) $a = 8$　　(2) $a = 1200$　　(3) $a = 9$

(4) $a = 5$

2 (1) $(2x+50) + x = 1400$

(2) 姉…950円　　妹…450円

3 (1) $a=-9$　　(2) $a=13$

4 長いすの数…22脚　　生徒の人数…112人

5 (1) $80x$ m

　　(2) 方程式 $80x+90x=3400$　　$x=20$

6 午前7時14分

7 250人

解　説

1 (1) $180\div a=22$余り4

(商)×(わる数)+(余り)=(わられる数)

$22\times a+4=180$　　$a=8$

(2) $a\times(1-0.15)=1020$

$0.85a=1020$　　$a=1200$

(3) (長方形の周りの長さ)=(縦の長さ+横の長さ)×2

$\{a+(a-4)\}\times2=28$　　$a=9$

(4) a分$=\dfrac{a}{60}$時間

$\dfrac{60}{80}-\dfrac{60}{90}=\dfrac{a}{60}$

$a=5$

2 (1) 妹の分の金額をx円とすると，姉の分の金額は $2x+50$(円) と表される。

(2) (1)の方程式を解くと，

$x=450$(円)…妹

$2\times450+50=950$(円)…姉

3 (1) $x=3$ を，$3x-a=4x+6$ に代入して，aについての方程式として解く。

$3\times3-a=4\times3+6$

$a=-9$

(2) まず，方程式 $5x=3(x-4)$ を解き，解を求める。

$x=-6$

これを $2x+a=1$ に代入して，a についての方程式として解く。

$2\times(-6)+a=1$

$a=13$

4 長いすの脚数をx脚として，生徒の人数を2通りの方法で表す。

・1脚に5人ずつすわると2人すわれない。

　→ $5x+2$(人)

・1脚に6人ずつすわると4人しかすわらない長いすが1脚でき，3脚長いすが余った。

　→ $6(x-4)+4$(人)

$5x+2=6(x-4)+4$

$x=22$

よって，長いすの数は22脚

生徒の人数は，$5\times22+2=112$(人)

> **ミス注意!**
>
> 1脚に6人ずつすわると，4人しかすわらない長いすが1脚でき，3脚長いすが余った。
>
> ➡ 6人がすわる長いすの数は，4人しかすわらない1脚と余った3脚をひいたものである。
>
> $x-4$(脚)

5 (1) $80\times x$(m)

(2) 出会うまでに2人が歩いた道のりの和は3.4kmである。

$80x+90x=3400$

$x=20$

よって，20分後

6 兄が出発して，x分後に追いつくとすると，弟は兄が出発するまでに9分間歩いているので，

$100(9+x)=280x$

$x=5$

弟は出発してから，$9+5=14$(分間) 歩いているので，午前7時14分

7 (男子の生徒数)+(女子の生徒数)=(ある中学校の生徒数)

男子の生徒数をx人とすると，女子の生徒数は $\dfrac{90}{100}x+7$(人)と表される。

$x+\dfrac{90}{100}x+7=520$

$100x+90x+700=52000$

$19x=5130$

$x=270$(人)

女子の生徒数は，

$520-270=250$(人)

3 比例式

テストの 要点 を書いて確認　　　本冊 P.38

① (1) $\dfrac{1}{3}$　　(2) $\dfrac{27}{25}$

② (1) $x=24$　　(2) $x=18$　　(3) $x=-1$

　　　本冊 P.39

1 (1) $x=20$　　(2) $x=36$　　(3) $x=\dfrac{45}{8}$

　(4) $x=\dfrac{8}{5}$　　(5) $x=16$　　(6) $x=21$

2 (1) $x=6$　　(2) $x=-\dfrac{1}{4}$　　(3) $x=\dfrac{53}{10}$

　(4) $x=\dfrac{17}{5}$　　(5) $x=\dfrac{1}{20}$　　(6) $x=-\dfrac{2}{3}$

3 30mL

解 説

1 外側の項の積＝内側の項の積 から，xの方程式をつくりxを求める。

(1) $x:12=5:3$
$$3x=60$$
$$x=20$$

(2) $6:x=1.5:9$
$$1.5x=54$$
$$x=36$$

(3) $9:4=2x:5$
$$8x=45$$
$$x=\dfrac{45}{8}$$

(4) $x:\dfrac{3}{5}=8:3$
$$3x=\dfrac{24}{5}$$
$$x=\dfrac{8}{5}$$

(5) $\dfrac{1}{4}:\dfrac{4}{5}=5:x$
$$\dfrac{1}{4}x=4$$
$$x=16$$

(6) $0.45:0.35=27:x$
$$0.45x=9.45$$
$$x=21$$
$0.45:0.35$ を100倍して$45:35=9:7$と簡単にし，$9:7=27:x$ として解いてもよい。

2 (1) $12:8=(x-3):2$
$$8(x-3)=24$$
$$x-3=3$$
$$x=6$$

(2) $(4+x):3=5:4$
$$4(4+x)=15$$

$$16+4x=15$$
$$x=-\dfrac{1}{4}$$

(3) $6:(2x-1)=5:8$
$$5(2x-1)=48$$
$$10x-5=48$$
$$x=\dfrac{53}{10}$$

(4) $5:4=\dfrac{7}{4}:(x-2)$
$$5(x-2)=7$$
$$5x-10=7$$
$$x=\dfrac{17}{5}$$

(5) $2:\dfrac{3}{5}=\dfrac{1}{2}:\left(\dfrac{1}{10}+x\right)$
$$2\left(\dfrac{1}{10}+x\right)=\dfrac{3}{10}$$
$$\dfrac{2}{10}+2x=\dfrac{3}{10}$$
$$2x=\dfrac{1}{10}$$
$$x=\dfrac{1}{20}$$

(6) $(3x+4):2.4=5:6$
$$6(3x+4)=12$$
$$3x+4=2$$
$$x=-\dfrac{2}{3}$$

3 必要とする牛乳をあとxmLとすると，
$$3:8=(120+x):400$$
$$8(120+x)=1200$$
$$120+x=150$$
$$x=30$$
よって，牛乳はあと30mL必要

　　　本冊 P.40

1 (1) $x=27$　　(2) $x=72$　　(3) $x=\dfrac{10}{3}$

　(4) $x=\dfrac{16}{27}$　　(5) $x=18$　　(6) $x=32$

2 (1) $x=5$　　(2) $x=21$　　(3) $x=\dfrac{20}{3}$

　(4) $x=22$　　(5) $x=\dfrac{26}{3}$　　(6) $x=\dfrac{6}{35}$

3 (1) $x=40$　　(2) $x=1$

4 (1) $7:9$　　(2) 8本　　(3) 12本

5 (1) 1.2m　　(2) 150個　　(3) 440円

　(4) 30，18（順不同）

解 説

1 (1) $9:x=4:12$
$$4x=108$$
$$x=27$$

(2) $12:13=x:78$
$$13x=936$$
$$x=72$$

(3) $1:\dfrac{5}{6}=4:x$

$$x=\frac{20}{6}$$
$$x=\frac{10}{3}$$

(4) $\quad 3x:8=\frac{8}{9}:4$
$$12x=\frac{64}{9}$$
$$x=\frac{16}{27}$$

(5) $\quad 0.8:0.6=24:x$
$$0.8x=14.4$$
$$x=18$$
$0.8:0.6$ を $4:3$ としてから計算すると簡単になる。

(6) $\quad 1.2:\frac{3}{8}=x:10$
$$\frac{3}{8}x=12$$
$$x=32$$

2 (1) $\quad 7:4=14:(x+3)$
$$7(x+3)=56$$
$$x+3=8$$
$$x=5$$

(2) $\quad 3:2=(x-9):8$
$$2(x-9)=24$$
$$x-9=12$$
$$x=21$$

(3) $\quad (20-x):5=8:3$
$$3(20-x)=40$$
$$60-3x=40$$
$$x=\frac{20}{3}$$

(4) $\quad 16:(x+2)=2:3$
$$2(x+2)=48$$
$$x+2=24$$
$$x=22$$

(5) $\quad 8:5=(3x-2):15$
$$5(3x-2)=120$$
$$3x-2=24$$
$$x=\frac{26}{3}$$

(6) $\quad 14:8=\frac{3}{4}:\left(\frac{3}{5}-x\right)$
$$14\left(\frac{3}{5}-x\right)=6$$
$$\frac{42}{5}-14x=6$$
$$14x=\frac{12}{5}$$
$$x=\frac{6}{35}$$

3 (1) $\quad 5x:8=(2x-5):3$
$$8(2x-5)=15x$$
$$16x-40=15x$$
$$x=40$$

(2) $\quad 0.5:(4x-3)=8:16x$
$$8(4x-3)=8x$$
$$4x-3=x$$
$$x=1$$

4 (1) Aの箱に残ったジュースの本数は28本なので，
$$28:36=7:9$$

(2) Aの箱から x 本取り出すとすると，
$$(36-x):16=7:4$$
$$4(36-x)=112$$
$$36-x=28$$
$$x=8（本）$$

(3) Aの箱からBの箱に x 本移すとすると，
$$(36-x):(36+x)=1:2$$
$$36+x=2(36-x)$$
$$x+2x=72-36$$
$$x=12（本）$$

5 (1) Bさんの持っているテープの長さを x mとすると
$$5:4=1.5:x$$
$$5x=6$$
$$x=1.2$$
よって，Bさんの持っているテープの長さは 1.2m

(2) 金属の玉全部の数を x 個とすると，
$$5:160=x:4800$$
$$160x=24000$$
$$x=150$$
よって，金属の玉の個数は150個

(3) 兄が弟にわたした金額を x 円とすると，
$$(3000-x):(1800+x)=8:7$$
$$14400+8x=21000-7x$$
$$15x=6600$$
$$x=440$$
よって，兄が弟にわたした金額は440円

(4) 大きいほうの自然数を x とすると，小さいほうの自然数は $x-12$ と表される。
$$x:(x-12)=5:3$$
$$5(x-12)=3x$$
$$5x-60=3x$$
$$x=30$$

① (1) $x=-10$　　(2) $x=-\dfrac{5}{6}$　　(3) $x=1$

(4) $x=17$　　(5) $x=\dfrac{19}{18}$　　(6) $x=-14$

(7) $x=2$　　(8) $x=7$

② (1) $x=30$　　(2) $x=6$　　(3) $x=6$

(4) $x=\dfrac{16}{5}$　　(5) $x=7$　　(6) $x=\dfrac{2}{3}$

③ (1) $a=6$　　(2) $a=-2$　　(3) $a=6$

④ (1) $(6x-10)$本

(2) 人数…13人，本数…68本

⑤ 3km

⑥ 250円

⑦ 231人

解 説

① (1) $x-6=2x+4$
$x-2x=4+6$
$-x=10$
$x=-10$

(2) $x+11=-5x+6$
$x+5x=6-11$
$6x=-5$
$x=-\dfrac{5}{6}$

(3) $(x+4)-9=2(x-3)$
$x+4-9=2x-6$
$x-2x=-6-4+9$
$-x=-1$
$x=1$

(4) $3(2x-9)=4(x+3)-5$
$6x-27=4x+12-5$
$6x-4x=7+27$
$2x=34$
$x=17$

(5) $\dfrac{2}{5}x-\dfrac{3}{4}=\dfrac{1}{5}-\dfrac{1}{2}x$
$8x-15=4-10x$
$8x+10x=4+15$
$18x=19$
$x=\dfrac{19}{18}$

(6) $0.4(x-6)-0.3(2x-1)=0.7$
$4(x-6)-3(2x-1)=7$
$4x-24-6x+3=7$
$4x-6x=7+24-3$
$-2x=28$
$x=-14$

(7) $\dfrac{1}{2}x-1=\dfrac{x-2}{5}$
$5x-10=2(x-2)$
$5x-10=2x-4$
$5x-2x=-4+10$
$3x=6$
$x=2$

(8) $\dfrac{4x-1}{3}=\dfrac{x+5}{2}+3$
$2(4x-1)=3(x+5)+18$
$8x-2=3x+15+18$
$8x-3x=15+18+2$
$5x=35$
$x=7$

② (1) $10:3=x:9$
$3x=90$
$x=30$

(2) $16:12=8:x$
$16x=96$
$x=6$

(3) $10.5:x=3.5:2$
$3.5x=21$
$x=6$

(4) $x:4=\dfrac{1}{5}:\dfrac{1}{4}$
$\dfrac{1}{4}x=\dfrac{4}{5}$
$x=\dfrac{16}{5}$

(5) $(x+2):15=3:5$
$5(x+2)=45$
$x+2=9$
$x=7$

(6) $6:2=(3x+2):2x$
$12x=2(3x+2)$
$12x=6x+4$
$12x-6x=4$
$6x=4$
$x=\dfrac{2}{3}$

③ (1) $x=5$ を方程式に代入して，a についての方程式を解く。
$5a+4=40-6$
$a=6$

(2) $\dfrac{-7+a}{3}=2a+1$
$-7+a=3(2a+1)$
$a-6a=3+7$
$-5a=10$
$a=-2$

(3) 方程式 $8x-3=7x$ を解くと，$x=3$
$2x+a=12$ の x に3を代入して a を求める。
$2\times3+a=12$
$a=6$

④ (1) x 人に6本ずつ分けたので $6x$ となり，そこから たりなかった分をひく。

(2) $6x-10=4x+16$
$x=13$…子どもの人数
よって，鉛筆の本数は $6\times13-10=68$(本)
（$4\times13+16=68$ でもよい。）

⑤ A地点からB地点までの道のりを x km とすると，

$\dfrac{x}{3}-\dfrac{x}{5}=\dfrac{24}{60}$

$\dfrac{x}{3}\times60-\dfrac{x}{5}\times60=\dfrac{24}{60}\times60$

$20x-12x=24$
$8x=24$
$x=3$

よって，A地点からB地点までの道のりは3km

❻ お菓子1個の値段をx円とすると，
$$(2000-x):(1500-2x)=7:4$$
$$4(2000-x)=7(1500-2x)$$
$$8000-4x=10500-14x$$
$$10x=2500$$
$$x=250$$
よって，お菓子1個の値段は250円

❼ 昨年の男子の生徒数をx人とすると，
$$\frac{105}{100}x+\frac{90}{100}(400-x)=400-7$$
$$105x+36000-90x=39300$$
$$15x=3300$$
$$x=220（人）$$
今年の男子の生徒数は，
$$220\times\frac{105}{100}=231（人）$$
［別解］ 昨年の男子の生徒数をx人とすると，
$$\frac{5}{100}x-\frac{10}{100}(400-x)=-7$$
$$5x-4000+10x=-700$$
$$15x=3300$$
$$x=220$$

1 関数

テストの 要点 を書いて確認　　　本冊 P.44

① $y=40x$

② $-4\leqq x\leqq 3$

STEP 2 基本問題　　　本冊 P.45

1 (1) ○　　(2) ×　　(3) ×　　(4) ○

2 (1) 30g　　(2) $y=30x$　　(3) $0\leqq x\leqq 18$

3 (1) $y=x^2$　　(2) $y=\dfrac{12}{x}$　　(3) $y=40-5x$

(4) $y=\dfrac{x}{3}$

解 説

1 (1) $y=3x$　xの値が決まると，それに対応してyの値がただ1つに決まる。
(2) xの値が決まっても，yの値は1つに決まらない。
(3) 三角形の面積は，
$$\frac{1}{2}\times（底辺）\times（高さ）$$
なので，高さが決まらないと，面積も決まらない。
(4) $y=24-x$　xの値が決まると，それに対応してyの値がただ1つに決まる。

2 (1) $90\div 3=30$(g)
(2) （全体の重さ）＝（1mの重さ）×（長さ）
よって，
$$y=30\times x$$
(3) $540\div 30=18$(m)
よって，$0\leqq x\leqq 18$

3 (1) （正方形の面積）＝（1辺）×（1辺）より，$y=x\times x$
(2) （速さ）＝$\dfrac{（道のり）}{（時間）}$より，$y=\dfrac{12}{x}$
(3) 5人が食べたみかんの個数は$5x$(個)なので，残りは$40-5x$(個)
(4) 三角形の面積は，
$$\frac{1}{2}\times（底辺）\times（高さ）$$
$$x=\frac{1}{2}\times 6\times y=3y$$より，
$$y=\frac{x}{3}$$

1 (1) 歩いた時間，進んだ道のり（順不同）
(2) $y=80x$　　(3) $0\leqq y\leqq 1200$

2 (1) ア 5　　イ 10　　ウ 15　　エ 20　　オ 25
(2) ア 27　　イ 21　　ウ 5　　エ 9　　オ 9

3 (1) $y=60-x$　　(2) $y=\dfrac{250}{3}x$

4 (1) $y=2x$　　(2) $y=\dfrac{1}{3}x$

(3) $y = 5x - 3$　　(4) $y = \dfrac{x}{7}$

5 (1) $y = 2x + 4$

(2) ア10　　イ12　　ウ14　　エ16　　オ18

(3)

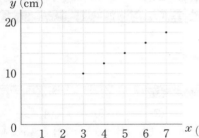

(4) 三角形にならないので，周の長さ y は決まらない。

ア　$y = 2 \times 3 + 4$
　　　$= 10$

イ　$y = 2 \times 4 + 4$
　　　$= 12$

ウ　$y = 2 \times 5 + 4$
　　　$= 14$

エ　$y = 2 \times 6 + 4$
　　　$= 16$

オ　$y = 2 \times 7 + 4$
　　　$= 18$

(3) x と y の値が一致する目もりを読みとって，順に点をかいていく。

(4) 三角形ができるためには，$x > 2$ である。$x = 2$ では 2 つの辺が4cmの辺と重なり三角形にならない。

解　説

1 (1) 歩いた時間にともなって，進んだ道のりも変化する。

(2) （道のり）＝（速さ）×（時間）より，
　　$y = 80 \times x$

(3) 駅までの道のりは1200mなので，y のとる値の範囲は0以上1200以下となる。

2 (1) $y = 5x$ の x に，1，2，3，4，5をそれぞれ代入して y の値を求める。

(2) $y = 30 - 3x$ の x に，1，3，7をそれぞれ代入して y の値を求める。

ア　$y = 30 - 3 \times 1$
　　　$= 27$

イ　$y = 30 - 3 \times 3$
　　　$= 21$

エ　$y = 30 - 3 \times 7$
　　　$= 9$

y に，15，3をそれぞれ代入して x の値を求める。

ウ　$15 = 30 - 3x$
　　　$3x = 30 - 15$
　　　$3x = 15$
　　　$\ x = 5$

オ　$\ 3 = 30 - 3x$
　　　$3x = 30 - 3$
　　　$3x = 27$
　　　$\ x = 9$

3 (1) $x + y = 60$ である。

(2) 100本で 1.2 kgなので，1 kgの本数は
　　$100 \div 1.2 = \dfrac{250}{3}$（本）である。

　　よって，x kgのくぎの本数（$= y$）は $\dfrac{250}{3}x$（本）である。

　　［別解］　比例式　$100 : y = 1.2 : x$ から，y を求めてもよい。

4 (1) $y = x \times 2$

(2) $y = x \times \dfrac{1}{3}$

(3) $y = x \times 5 - 3$

(4) $y = x \div 7$

5 (1) （周の長さ）
　　　$=$（等しい辺の長さ）$\times 2 + 4$

(2) (1)で求めた式に，$x = 3$，4，5，6，7をそれぞれ代入してyの値を求める。

2 比例

STEP 1 要点チェック
テストの **要点** を書いて確認
本冊 P.48

① $y=-\dfrac{2}{3}x$, $-\dfrac{2}{3}$

STEP 2 基本問題
本冊 P.49

1 イ, ウ, オ（順不同）

2 (1) $y=4x$　　(2) $0 \leqq x \leqq 50$

(3)
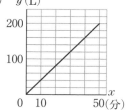

3 (1) $y=x$　　(2) $y=\dfrac{5}{2}x$　　(3) $y=-3x$

(4) $y=-\dfrac{8}{5}x$

解 説

1 $y=\boxed{}$ の形になおした式が, $y=ax$ の形になっていれば比例である。

イ　$a=-4$
ウ　$x+y=0$
　　　$y=-x$
　　　$a=-1$
オ　$x=6y$
　　$6y=x$
　　　$y=\dfrac{1}{6}x$
　　　$a=\dfrac{1}{6}$

2 (1) 水を1分入れると4L, 2分入れると8L, 3分入れると12L, ……だから, 水を入れる時間が2倍, 3倍, ……になると, 水の量も2倍, 3倍, ……になるので比例している。比例定数は4。
（比例定数は, 1分間に増える水の量を表す。）
(2) この水そうが満水になるのにかかる時間は, $200 \div 4 = 50$（分）である。
(3) 通る点を求めてから, 原点とその点を結ぶ直線をひく。（下の表のどれか1点がわかればよい。）

x	10	20	30	40	50
y	40	80	120	160	200

ミス注意!
変域のあるグラフをかくときは, 変域をこえない範囲でグラフをかかなくてはいけない。

3 $y=ax$ に x と y の値を代入して a を求める。
(1) $a=1$ より, $y=x$
(2) $y=ax$ に $x=2$, $y=5$ を代入する。
　$5 = a \times 2$ より,

　$a = \dfrac{5}{2}$
　よって,
　$y = \dfrac{5}{2}x$
(3) $y=ax$ に $x=-3$, $y=9$ を代入する。
　$9 = a \times (-3)$ より,
　　$a = -3$
　よって,
　　$y = -3x$
(4) $y=ax$ に $x=5$, $y=-8$ を代入する。
　$-8 = a \times 5$ より,
　　$a = -\dfrac{8}{5}$
　よって,
　　$y = -\dfrac{8}{5}x$

STEP 3 得点アップ問題
本冊 P.50

1 ア　$y=60x$　　イ　$y=4.5x$
　エ　$y=\dfrac{1}{12}x$　　オ　$y=\dfrac{1}{5}x$

2 (1) $y=5x$　　(2) $y=-\dfrac{3}{2}x$

(3) $y=\dfrac{1}{10}x$　　(4) $y=-18x$

3 A（1, 1）
B（0, 4）
C（-4, -3）
D（5, 0）

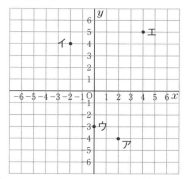

4
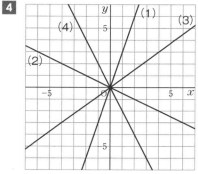

5 (1) $y=x$　　(2) $y=\dfrac{1}{2}x$

(3) $y=-\dfrac{5}{3}x$　　(4) $y=-\dfrac{1}{4}x$

6 (1) $\left(4, \dfrac{4}{3}\right)$　(2) 5cm　(3) $\dfrac{15}{2}$cm²

1 y を x の式で表したとき，$y=ax$ の形で表すことができれば比例である。

　ア　1本60円の鉛筆を x 本買ったときの代金は $60x$ 円。
　　　よって，$y=60x$ となり比例している。

　イ　(道のり)＝(速さ)×(時間) なので，時速4.5km
　　　で x 時間歩いた道のりは $4.5x$ km
　　　よって，$y=4.5x$ となり比例している。

　ウ　(時間)＝(道のり)÷(速さ) なので，20kmの道のりを時速 x kmで進んだときに要する時間は
　　　$20 \div x = \dfrac{20}{x}$ (時間)
　　　よって，$y=\dfrac{20}{x}$ となり比例していない。

　エ　1km走るのに $\dfrac{1}{12}$Lのガソリンが必要なので，
　　　x km走るには，$\dfrac{1}{12} \times x$ (L)のガソリンが必要である。
　　　よって，$y=\dfrac{1}{12}x$ となり比例している。

　オ　x mのリボンを5等分するので，1本は，$x \div 5$ (m)である。
　　　よって，$y=x \div 5 = \dfrac{x}{5} = \dfrac{1}{5}x$ となり，比例している。

2 $y=ax$ の x と y に値を代入して a を求める。
　(1) $y=ax$ に $x=3$，$y=15$ を代入する。
　　　$15=a \times 3$ より，$a=5$
　　　よって，
　　　$y=5x$
　(2) $y=ax$ に $x=4$，$y=-6$ を代入する。
　　　$-6=a \times 4$ より，$a=-\dfrac{3}{2}$
　　　よって，
　　　$y=-\dfrac{3}{2}x$
　(3) $y=ax$ に $x=-5$，$y=-\dfrac{1}{2}$ を代入する。
　　　$-\dfrac{1}{2}=a \times (-5)$ より，$a=\dfrac{1}{10}$
　　　よって，
　　　$y=\dfrac{1}{10}x$
　(4) $y=ax$ に $x=-\dfrac{1}{3}$，$y=6$ を代入する。
　　　$6=a \times \left(-\dfrac{1}{3}\right)$ より，$a=-18$
　　　よって，
　　　$y=-18x$

3 それぞれの点の x，y 座標を読みとって (x 座標，y 座標)で表す。
　点から x 軸に垂線をひき，x 軸との交点を a，y 軸に垂線をひき，y 軸との交点を b とすると，その点の座標は (a, b) である。
　点Aの座標は，原点から x 軸の正の方向に1，y 軸の正の方向に1進んだところにあるので $(1, 1)$
　点Bの座標は，原点から上に4進んだところにあるので $(0, 4)$
　点Cの座標は，原点から左へ4，下に3進んだところにあるので $(-4, -3)$

点Dの座標は，原点から右へ5進んだところにあるので $(5, 0)$
点 (a, b) は，原点から右へ a，上へ b 進んだ点($a<0$ なら左へ，$b<0$ なら下へ進んだ点)である。
それぞれ原点から，
点アは右に2，下に4進んだ点
点イは左に2，上に4進んだ点
点ウは下に3進んだ点
点エは右に4，上に5進んだ点

> 軸上の点
> x 軸上にある点の y 座標は0
> y 軸上にある点の x 座標は0
> 原点は $(0, 0)$

4 比例のグラフは，原点と原点以外のグラフ上にあるもう1点がわかればかくことができる。
　x 座標，y 座標がともに整数になる点を見つける。
　(1) $x=1$ のとき $y=3$ なので，点$(1, 3)$ を通る。
　(2) $x=2$ のとき $y=-1$ なので，点$(2, -1)$ を通る。
　(3) $x=4$ のとき $y=3$ なので，点$(4, 3)$ を通る。
　(4) $x=1$ のとき $y=-2$ なので，点$(1, -2)$ を通る。

5 グラフの通る点が1つわかれば，その x 座標と y 座標を $y=ax$ に代入して a を求めることができる。
　x 座標，y 座標がともに整数になる点を見つける。
　(1) 点$(1, 1)$ を通るので，$x=1$，$y=1$ を $y=ax$ に代入して，
　　　$1=a \times 1$ より，$a=1$
　　　よって，
　　　$y=x$
　(2) 点$(2, 1)$ を通るので，$x=2$，$y=1$ を $y=ax$ に代入して，
　　　$1=a \times 2$ より，$a=\dfrac{1}{2}$
　　　よって，
　　　$y=\dfrac{1}{2}x$
　(3) 点$(3, -5)$ を通るので，$x=3$，$y=-5$ を $y=ax$ に代入して，
　　　$-5=a \times 3$ より，$a=-\dfrac{5}{3}$
　　　よって，
　　　$y=-\dfrac{5}{3}x$
　(4) 点$(4, -1)$ を通るので，$x=4$，$y=-1$ を $y=ax$ に代入して，
　　　$-1=a \times 4$ より，$a=-\dfrac{1}{4}$
　　　よって，
　　　$y=-\dfrac{1}{4}x$

6 直線 ℓ の式を $y=ax$ とおいて，$x=1$，$y=2$ を代入すると，$2=a \times 1$ より，$a=2$
よって，直線 ℓ の式は，$y=2x$
直線 m の式を $y=bx$ とおいて，$x=3$，$y=1$ を代入すると，
　$1=b \times 3$ より，$b=\dfrac{1}{3}$
よって，直線 m の式は，
　$y=\dfrac{1}{3}x$

(1) $y=2x$ の y に8を代入すると，$x=4$
よって，点Aの座標は(4，8)
点Bの x 座標はAの x 座標と同じ4なので，
$y=\dfrac{1}{3}x$ に $x=4$ を代入すると，$y=\dfrac{4}{3}$
よって，点Bの座標は $\left(4,\dfrac{4}{3}\right)$ である。

(2) 点Aの x 座標が3のとき，A(3，6)，B(3，1)である。
ABの長さは $6-1=5$（cm）

(3) ABを底辺とすると高さは点Aの x 座標に等しく，3である。
三角形AOBの面積 $=\dfrac{1}{2}\times5\times3=\dfrac{15}{2}$（cm²）

3 反比例

STEP 1 要点チェック
テストの 要点 を書いて確認　　　　　本冊 P.52

① $y=\dfrac{12}{x}$，　12

STEP 2 基本問題　　　　　本冊 P.53

1 (1) 左から，32，16，8，2，1　式　$y=\dfrac{32}{x}$

(2) 左から，2，$\dfrac{10}{3}$，-10，$-\dfrac{10}{3}$，-2
式　$y=-\dfrac{10}{x}$

2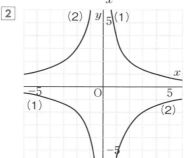

3 (1) $y=-\dfrac{3}{x}$　　(2) $y=\dfrac{12}{x}$　　(3) $y=5$
(4) $x=10$

解説

1 $xy=a$ となることを利用する。
(1) $8\times4=32$ より，$a=32$
x と y の積が32となるように y の値を求める。
(2) $(-1)\times10=-10$ より，$a=-10$
x と y の積が-10となるように y の値を求める。

2 x と y の値の組をいくつか求めて点をとり，なめらかな曲線で結ぶ。x が負の値の場合も忘れずにかく。
(1) $xy=4$ より，(1，4)，(2，2)，(4，1)を通る曲線と(-1，-4)，(-2，-2)，(-4，-1)を通る曲線の2つをかく。
(2) $xy=-6$ より，(1，-6)，(2，-3)，(3，-2)，(6，-1)を通る曲線と(-1，6)，(-2，3)，(-3，2)，(-6，1)を通る曲線の2つをかく。

3 (1) 比例定数-3より，$y=-\dfrac{3}{x}$

(2) $y=\dfrac{a}{x}$ に $x=-2$，$y=-6$ を代入する。
$-6=\dfrac{a}{-2}$ より，$a=12$
よって，$y=\dfrac{12}{x}$

(3)，(4)はまず，反比例の式をつくる。

(3) $y=\dfrac{a}{x}$ に $x=4$，$y=10$ を代入する。
$10=\dfrac{a}{4}$ より，$a=40$
$y=\dfrac{40}{x}$ に $x=8$ を代入して，$y=5$

(4) $y=\dfrac{a}{x}$ に $x=-5$, $y=12$ を代入する。

$$12=\dfrac{a}{-5}\ \text{より},\ a=-60$$

$$y=-\dfrac{60}{x}\ \text{に}\ y=-6\ \text{を代入して},\ x=10$$

代入する。

$$a=\dfrac{1}{2}\times12=6$$

よって，$y=\dfrac{6}{x}$

(4) $xy=a$ に $x=-10$，$y=-\dfrac{1}{5}$ を代入する。

$$a=(-10)\times\left(-\dfrac{1}{5}\right)=2$$

よって，$y=\dfrac{2}{x}$

本冊 P.54

STEP 3 得点アップ問題

1 ア $y=\dfrac{1500}{x}$　　ウ $y=\dfrac{1000}{x}$

2 (1) $y=\dfrac{5}{x}$　(2) $y=-\dfrac{24}{x}$　(3) $y=\dfrac{6}{x}$

(4) $y=\dfrac{2}{x}$

3 (1) $y=\dfrac{16}{x}$　(2) $y=-\dfrac{18}{x}$

4 (1) ① ア　② ウ　(2) ③ イ　④ ウ

5 (1) $y=4$　(2) $y=-5$　(3) $x=-12$

(4) $x=\dfrac{42}{5}$

6 (1) $a=12$　(2) 6個

解説

1 y を x の式で表したとき，$y=\dfrac{a}{x}$ の形で表すことができれば反比例である。

ア （時間）＝（道のり）÷（速さ）なので，1500mの道のりを分速 x m で歩いた時間は，

$$1500\div x=\dfrac{1500}{x}\text{（分）}$$

よって，$y=\dfrac{1500}{x}$ となり反比例している。

イ $y=x\times x=x^2$ となり，反比例していない。

ウ （食塩の量）＝（食塩水）×（濃度）なので，

$$10=y\times\dfrac{x}{100}\quad 1000=xy$$

よって，$y=\dfrac{1000}{x}$ となり，反比例している。

エ x 円の品物3個の代金は，$3x$ 円なので，1000円出したときのおつりは，$1000-3x$（円）

よって，$y=1000-3x$ となり，反比例していない。

オ 1日に x ページずつ1週間読んだページ数の合計は，$7x$ ページ

よって，$y=7x$ となり，反比例していない。

2 $y=\dfrac{a}{x}$（または $xy=a$）に，x，y の値を代入して a の値を求める。

(1) $x=5$，$y=1$ を代入する。

$$1=\dfrac{a}{5}\ \text{より},\ a=5$$

よって，$y=\dfrac{5}{x}$

(2) $x=-6$，$y=4$ を代入する。

$$4=\dfrac{a}{-6}\ \text{より},\ a=-24$$

よって，$y=-\dfrac{24}{x}$

(3) x の値が分数なので，$xy=a$ に $x=\dfrac{1}{2}$，$y=12$ を

3 グラフが通る点の座標を $xy=a$ に代入して a の値を求める。

(1) 点$(-2,\ -8)$を通るので，$a=(-2)\times(-8)=16$

よって，$y=\dfrac{16}{x}$

(2) 点$(9,\ -2)$を通るので，$a=9\times(-2)=-18$

よって，$y=-\dfrac{18}{x}$

4 $y=\dfrac{a}{x}$ で $a<0$ より，グラフは下のようになる。

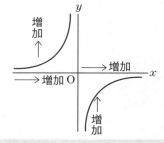

5 まず，反比例の式をつくる。

(1) $xy=a$ より，$a=2\times(-6)=-12$

$xy=-12$ に $x=-3$ を代入して，$y=4$

(2) $a=(-6)\times10=-60$

$xy=-60$ に $x=12$ を代入して，$y=-5$

(3) $a=9\times8=72$

$xy=72$ に $y=-6$ を代入して，$x=\dfrac{72}{-6}=-12$

(4) $a=(-7)\times12=-84$

$xy=-84$ に $y=-10$ を代入して，$x=\dfrac{-84}{-10}=\dfrac{42}{5}$

6 グラフ上にある点の，x座標，y座標の値は $y=\dfrac{a}{x}$ の式に代入して成り立つ。

(1) $x=\dfrac{3}{4}$，$y=16$ を $xy=a$ に代入する。

$$a=\dfrac{3}{4}\times16=12$$

(2) 自然数は正の整数なので，y軸より右のグラフだけ考えればよい。

(1)より $a=12$ なので，$xy=12$ で x，y の値がともに整数である点を見つける。

$(1,\ 12)$，$(2,\ 6)$，$(3,\ 4)$，$(4,\ 3)$，$(6,\ 2)$，$(12,\ 1)$ の6個。

4 比例と反比例の利用

本冊 P.56

STEP 1 要点チェック

テストの要点を書いて確認

① $y = 5x$，比例

② $y = \dfrac{10}{x}$，反比例

STEP 2 基本問題

本冊 P.57

1 (1) $y = 8x$　　(2) $0 \leqq y \leqq 280$

(3) $y = 148$

2 12.5分後 $\left(\dfrac{25}{2}\text{分後}\right)$

3 (1) $0 \leqq x \leqq 8$，$0 \leqq y \leqq 24$　　(2) $y = 3x$

(3) $\dfrac{10}{3}$ cm

4 (1) 横の長さ，縦の長さ，反比例

(2) 道のり，速さ，比例

解説

1 (1) ガソリンの量と自動車が走る距離は比例する。
$y = ax$ に $x = 1.5$，$y = 12$ を代入する。
$12 = a \times 1.5$ より，$a = 8$
よって，$y = 8x$
(2) $y = 8x$ で，$x = 0$ のとき $y = 0$，$x = 35$ のとき
$y = 280$ なので，
y の変域は $0 \leqq y \leqq 280$
(3) $y = 8x$ に $x = 18.5$ を代入する。
$y = 8 \times 18.5 = 148$

2 水を入れる時間とたまる水の量は比例する。1分間に
たまる水の量は，$40 \div 10 = 4$（L）
x 分間で y Lたまるとすると，$y = 4x$
$y = 50$ のとき，$50 = 4x$ より，$x = 12.5$
よって，12.5分後
[別解] 40Lから50Lまでたまる時間は
$(50 - 40) \div 4 = 2.5$（分）
入れ始めてから，$10 + 2.5 = 12.5$（分後）

3 (1) 点PはBからCまで動くので，点PがBにあるとき，
x，y の値はともに最小で0となり，点PがCにあ
るとき，x と y の値はともに最大になる。
BCの長さは8cmなので，x の最大値は8，
$x = 8$ のとき $y = \dfrac{1}{2} \times 8 \times 6 = 24$
よって，$0 \leqq x \leqq 8$　$0 \leqq y \leqq 24$
(2) $y = \dfrac{1}{2} \times x \times 6$　$y = 3x$
(3) $y = 3x$ に $y = 10$ を代入する。
$10 = 3x$ より，$x = \dfrac{10}{3}$

4 (1) （長方形の面積）=（縦）×（横）より，縦の長さが
一定（a とおく）のとき，横の長さを x，面積を y
とすると，$y = ax$ と表されるので，面積は横の
長さに比例する。
また，面積が一定（a とおく）のとき，縦の長さを
x，横の長さを y とすると，$y = \dfrac{a}{x}$ と表されるの
で，横の長さは縦の長さに反比例する。
(2) （道のり）=（速さ）×（時間）より，(1)と同様に考

えると，（時間）= $\dfrac{\text{（道のり）}}{\text{（速さ）}}$ より，道のりが一定

（a とおく）のとき，（時間）= $\dfrac{a}{\text{（速さ）}}$ となり，時

間は速さに反比例する。
また，速さ = a（一定）のとき，（道のり）= $a \times$（時
間）となり，道のりは時間に比例する。

STEP 3 得点アップ問題

本冊 P.58

1 (1) $y = 0.68x$　　(2) 8.16kg

(3) 10.5m

2 (1) $y = \dfrac{300}{x}$　　(2) 毎分25L

3 (1) $y = \dfrac{192}{x}$　　(2) 16

4 (1)

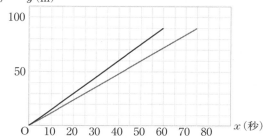

(2) 9m　　(3) 18m手前

5 (1) 20cm²　　(2) $y = 4x$　　(3) 4秒後

6 (1) $y = 16.5x$ $\left(y = \dfrac{33}{2}x\right)$　　(2) 180個

解説

1 アルミ管の長さと重さは比例している。
(1) $y = ax$ に $x = 5$，$y = 3.4$ を代入する。
$3.4 = 5a$ より，$a = 0.68$
よって，$y = 0.68x$
(2) $y = 0.68x$ に $x = 12$ を代入する。
$y = 0.68 \times 12 = 8.16$　よって，8.16kg
(3) アルミ管の長さと値段も比例している。

長さ(m)	3	
値段(円)	840	2940

3.5倍

$3 \times 3.5 = 10.5$（m）

2 この水そうは，$15 \times 20 = 300$（L）で満水になる。
(1) 1分間に入る水の量と満水にするためにかかる時
間は反比例する。
よって，$y = \dfrac{300}{x}$
(2) $xy = 300$ に $y = 12$ を代入する。
$x \times 12 = 300$ より，$x = 25$
よって，毎分25L

3 （Aの歯車の歯数）×（1分間の回転数）
= （Bの歯車の歯数）×（1分間の回転数）
(1) $24 \times 8 = x \times y$ より，$y = \dfrac{192}{x}$
(2) $12 = \dfrac{192}{x}$ より，$x = 16$

4 (1) Bさんは，90mの廊下を歩くのに，$90 \div 1.5 = 60$（秒）

かかる。
点 $(60, 90)$ と原点を通る比例のグラフになる。

(2) 30秒後に，Aさんは $1.2 \times 30 = 36\,(m)$，Bさんは
$1.5 \times 30 = 45\,(m)$ の地点にいるので，2人は
$45 - 36 = 9\,(m)$ 離れている。
[別解] 1秒間に $1.5 - 1.2 = 0.3\,(m)$ 離れるから，30秒
で $0.3 \times 30 = 9\,(m)$ 離れる。

(3) Bさんは60秒で歩き終える。同時に出発したA
さんは60秒後には，
$1.2 \times 60 = 72\,(m)$ の地点にいる。したがって，
$90 - 72 = 18\,(m)$ 手前にいる。

5 (1) 点Pは毎秒 $2cm$ の速さで動くので，5秒間では，
$2 \times 5 = 10\,(cm)$ 動く。
よって，三角形ABPの面積は
$\dfrac{1}{2} \times 10 \times 4 = 20\,(cm^2)$

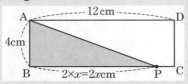

(2) 点Pは x 秒間に $2 \times x = 2x\,(cm)$ 動くので，x 秒後
のBPの長さは，$2x\,cm$。
よって，$y = \dfrac{1}{2} \times 2x \times 4 = 4x$

(3) 長方形ABCDの面積は $12 \times 4 = 48\,(cm^2)$
よって，三角形ABPの面積が
$48 \times \dfrac{1}{3} = 16\,(cm^2)$ になるときを考える。
$y = 4x$ に $y = 16$ を代入して x を求める。
$16 = 4x$　$x = 4$　よって，4秒後

6 (1) 12個で198gだったので，1個の玉の重さは，
$198 \div 12 = 16.5\,(g)$ である。
よって，$y = 16.5x$

(2) 玉全体の重さは，$3000 - 30 = 2970\,(g)$
$y = 16.5x$ に $y = 2970$ を代入して，$x = 180$（個）

---

① (1) $y = \dfrac{8}{x}$　　(2) $y = 200 - 5x$

(3) $y = \dfrac{10}{x}$　　(4) $y = \dfrac{97}{100}x$ $(y = 0.97x)$

② (1) $y = -5x$　　(2) $y = 9$　　(3) $y = -\dfrac{2}{x}$

(4) $y = 6$

③ (1) A$(2, 6)$　B$(3, 4)$

(2) $y = \dfrac{4}{3}x$　　(3) $y = \dfrac{12}{x}$

④

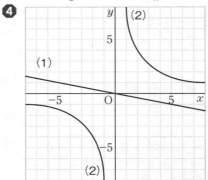

⑤ $y = \dfrac{6}{x}$

⑥ $80cm^2$

⑦ (1) $y = \dfrac{60}{x}$

(2) $\dfrac{32}{19}$ 倍

解　説

① (1) （速さ）×（時間）＝（道のり）なので，
$xy = 8$　よって，$y = \dfrac{8}{x}$

(2) 1日 x ページを5日間読んだページ数は，
$x \times 5 = 5x$（ページ）なので，残りのページ数は，
$200 - 5x$（ページ）

(3) （1日に食べる量）×（日数）＝ $10\,(kg)$ だから，
$xy = 10$ より，$y = \dfrac{10}{x}$

(4) 水の量は，食塩水の量の $100 - 3 = 97\,(\%)$ より，
$y = x \times \dfrac{97}{100}$
$= \dfrac{97}{100}x$

② (1) $y = ax$ に $x = 2$，$y = -10$ を代入して，a の値を
求める。
$-10 = a \times 2$ より，$a = -5$
よって，$y = -5x$

(2) まず，比例の式を求める。$y = ax$ に $x = 2$，
$y = -6$ を代入する。
$-6 = a \times 2$ より，$a = -3$
$y = -3x$ に $x = -3$ を代入して y を求める。
$y = -3 \times (-3) = 9$

(3) $xy = a$ に $x = -\dfrac{1}{2}$，$y = 4$ を代入して，a の値を

求める。

$$a = \left(-\frac{1}{2}\right) \times 4 = -2 \quad \text{よって，} \quad y = -\frac{2}{x}$$

(4) $y = \dfrac{a}{x}$ に $x = 4$, $y = -3$ を代入して，

$$-3 = \frac{a}{4} \quad \text{より，} \quad a = -12$$

$y = -\dfrac{12}{x}$ に $x = -2$ を代入して y の値を求める。

$$y = -\frac{12}{(-2)} = 6$$

❸ (1) 点Aのx座標は2，y座標は6
点Bのx座標は3，y座標は4

(2) 原点を通る直線なので，比例のグラフとなる。
$y = ax$ として，点Bの座標(3, 4)を代入してaを
求める。

$$4 = a \times 3 \quad \text{より，} \quad a = \frac{4}{3}$$

$$\text{よって，} \quad y = \frac{4}{3}x$$

(3) 反比例のグラフなので，式を $y = \dfrac{a}{x}$ とおく。

点A(2, 6)を通るので，$y = \dfrac{a}{x}$ に $x = 2$, $y = 6$ を
代入する。

$$6 = \frac{a}{2} \quad \text{より，} \quad a = 12$$

［別解］点B(3, 4)より，$x = 3$, $y = 4$ を代入してaを
求めてもよい。

❹ (1) 比例のグラフで，原点と(5, −1)を通る直線であ
る。

(2) 反比例のグラフで，(1, 8)，(2, 4)，(4, 2)，
(8, 1)と，(−1, −8)，(−2, −4)，(−4, −2)，
(−8, −1)を通る2つのなめらかな曲線である。

❺ 点Aの座標を(3, t)とすると，点Bの座標は
(−1, $t-8$)と表すことができる。
反比例のグラフなので，xyは一定であるから，
$3 \times t = -1 \times (t-8)$
$3t = -t + 8$
$4t = 8$
$t = 2$
よって，A(3, 2)，B(−1, −6)である。

$y = \dfrac{a}{x}$ に $x = 3$, $y = 2$ を代入する。

$$2 = \frac{a}{3} \quad \text{より，} \quad a = 6 \quad \text{よって，} \quad y = \frac{6}{x}$$

［別解］$y = \dfrac{a}{x}$ とおくと，点Aのy座標は $\dfrac{a}{3}$

また，点Bのy座標は $-a$ だから，

$$\frac{a}{3} - (-a) = 8 \quad \text{よって，} \quad a = 6$$

❻ 鉄板の面積と重さは比例する。
正方形の面積は $20 \times 20 = 400 (\text{cm}^2)$
鉄板の面積を$x \text{ cm}^2$，重さを$y \text{ g}$とする。
$2400 \div 400 = 6$ より，比例定数は 6 なので，
$y = 6x$ この式に $y = 480$ を代入して，
$480 = 6x \quad x = 80$
よって，図2の面積は80cm²

式をつくるときは単位をそろえる。
　2.4kg = 2400g または，480g = 0.48kg

❼ (1) (長方形の面積) = (縦の長さ) × (横の長さ) なので，
$60 = x \times y$

$$\text{よって，} \quad y = \frac{60}{x}$$

(2) 切りとる長方形の1辺をBCにしたときの縦の長さ
は，$y = \dfrac{60}{x}$ に $y = 30$ を代入して，

$$30 = \frac{60}{x} \quad \text{より，} \quad x = 2 (\text{cm})$$

よって，周りの長さは$(30+2) \times 2 = 64 (\text{cm})$
切りとる長方形の1辺をABにしたときの横の
長さは，

$y = \dfrac{60}{x}$ に $x = 15$ を代入して，

$$y = \frac{60}{15} \quad \text{より，} \quad y = 4 (\text{cm})$$

よって，周りの長さは，$(4+15) \times 2 = 38 (\text{cm})$
$64 \div 38 = \dfrac{64}{38} = \dfrac{32}{19} (\text{倍})$

1 図形の移動，円とおうぎ形

テストの **要点** を書いて確認

本冊 P.62

① //，⊥

② 対称，回転（順不同）

③ 弦AB

本冊 P.63

1 (1) $\ell /\!/ n$　　(2) $\ell \perp q$，$n \perp q$

2

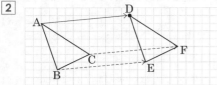

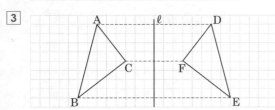

3

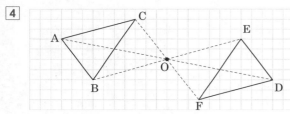

4

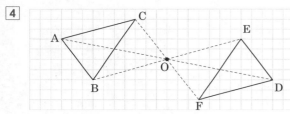

5 弧の長さ2πcm，面積3πcm²

解 説

1 (1) 2枚の三角定規を使って確かめる。

[別解]ます目を数えると，直線 ℓ と n は，どちらも右へ4目もり進むと上に1目もり進んでいるから，$\ell /\!/ n$

(2) 三角定規の90°の角をあてて確かめる。

2 一定の方向に，一定の距離だけ動かす。

AD//BE//CF

AD＝BE＝CF

3 直線 ℓ を折り目として，折り返して移す。

AD⊥ℓ，BE⊥ℓ，CF⊥ℓ

直線 ℓ は，AD，BE，CFをそれぞれ垂直に2等分する線。

4 点Oを中心として，180°だけ回転移動して移す。

AO＝DO，BO＝EO，CO＝FO

∠AOD＝∠BOE＝∠COF＝180°

180°の回転は，点対称移動と同じ移動になる。

5 弧の長さは，$2\pi \times 3 \times \dfrac{120}{360}$

面積は，$\pi \times 3^2 \times \dfrac{120}{360}$で求められる。

本冊 P.64

1 (1) EF//BC（BC//EF）　　(2) GH⊥BC（BC⊥GH）

(3) EF，BC

(4) 10 cm

(5) EP，BH，DG，FP，CH

2 (1) △FOE，△OCD

(2) 120°　　(3) △FEO　　(4) 5個

(5) △FAO

3

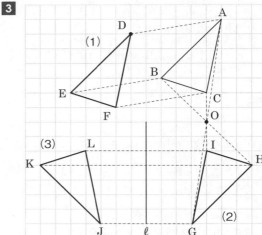

4 (1)

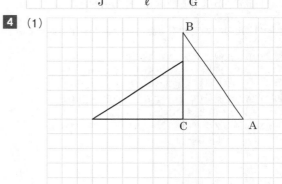

(2)

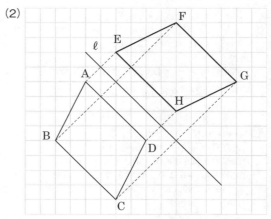

5 弧の長さ $\dfrac{3}{2}\pi$cm，面積 $\dfrac{9}{2}\pi$cm²

1 (1) 平行を表す記号は「//」

(2) 長方形では，隣りあった辺は垂直であるから，GH//AB，AB⊥BC なので，GH⊥BCである。

(3) 長方形では，向かいあった辺は平行であるから，EF⊥BC//AD

(4) EF⊥ABより，点Fと線分ABとの距離は線分EFの長さである。
AB//DCよりEF = AD = 10 cm

(5) Gが線分ADの中点だから，AG = DG である。また，GH//AB//DC より，
AG = EP = BH，DG = FP = CH

2 (1) 頂点A，B，Oがそれぞれ頂点F，O，Eに平行移動した△FOE
頂点A，B，Oがそれぞれ頂点O，C，Dに平行移動した△OCD

(2) 辺AOは辺COに重なるので，∠AOCが回転する角度である。正三角形の1つの角は60°なので，
60° ×2 = 120°

(3) 頂点Aは頂点Fに，頂点Bは頂点Eに移るから，直線ℓで折り返して重なる三角形は△FEO

(4) 線分BOを対称の軸とすると△BAO
線分ADを対称の軸とすると△FEO
線分COを対称の軸とすると△DCO
直線ℓを対称の軸とすると△EDO
点Oを通り，線分ABに垂直な直線を対称の軸とすると△AFO

(5) 点対称移動は180°回転移動させることである。頂点Cは頂点Fに，頂点Dは頂点Aに移動する。

3 (1) AD//BE//CF
AD = BE = CF

(2) OA = OG OB = OH OC = OI
∠AOG = ∠BOH = ∠COI = 180°

(3) 直線ℓが線分GJ，HK，ILを垂直に2等分する。

4 (1)

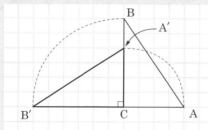

∠ACA' = 90°，∠BCB' = 90° になる。

(2)

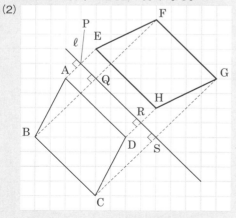

AP = EP，BQ = FQ，CS = GS，DR = HR
（P，Q，R，Sは，AE，BF，DH，CGの中点である。）
ℓ⊥AE，ℓ⊥BF，ℓ⊥CG，ℓ⊥DH

5 弧の長さは，$2\pi \times 6 \times \dfrac{45}{360}$，

面積は，$\pi \times 6^2 \times \dfrac{45}{360}$ で求められる。

2 基本の作図

テストの **要点** を書いて確認　　　本冊 P.66

① (1) 接点　　(2) 接線

② 半径（直径）

1
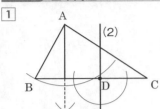
(2)
(1)

2
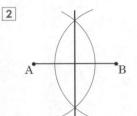

3
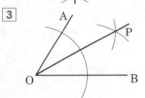

4
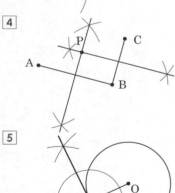

5

解説

1 (1) （手順1）
点Aを中心とした円をBCと交わるようにかく。

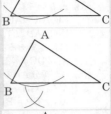

（手順2）
（手順1）の2つの交点をそれぞれ中心にして，等しい半径の円をかく。

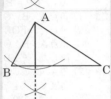

（手順3）
（手順2）の交点と点Aを通る直線をひく。

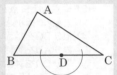

(2) （手順1）
点Dを中心とした円を辺BCと交わるようにかく。

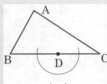

（手順2）
（手順1）の2つの交点をそれぞれ中心として等しい半径の円をかく。

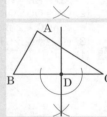

（手順3）
（手順2）の交点と点Dを通る直線をひく。

2 線分ABの垂直二等分線をひけばよい。
（手順1）
2点A，Bを中心とした等しい半径の円をかく。

（手順2）
（手順1）の2つの交点を通る直線をひく。

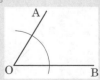

3 ∠AOBの二等分線をひけばよい。
（手順1）
点Oを中心とした円をOA，OBと交わるようにかく。

（手順2）
（手順1）の2つの交点をそれ
ぞれ中心として等しい半径
の円をかく。

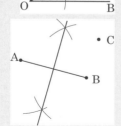

（手順3）
（手順2）の交点をPとして半
直線OPをひく。

4 線分AB，線分BCの垂直
二等分線の交点を求めれ
ばよい。
（手順1）
2点A，Bを中心として等
しい半径の円をかき，2つ
の交点を通る直線をひく。

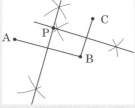

（手順2）
2点B，Cを中心とし
て等しい半径の円
をかき，2つの交点
を通る直線をひく。
（手順1）と（手順2）
の直線の交点を点P
とする。
線分ABと線分ACや線分BCと線分ACの垂直二等分
線の交点を作図してもよい。

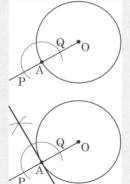

5 点Aを通り半直線OAに垂直な直線をひけばよい。
（手順1）
点Aを中心にして，半直
線OAに交わるように円
をかき，2つの交点をP，
Qとする。
（手順2）
P，Qを中心にして等し
い半径の円をかき，その
交点と点Aを結ぶ。

STEP 3 得点アップ問題　　　本冊 P.68

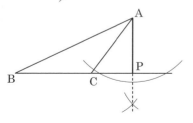

3

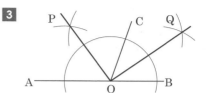

∠POQ＝90°

4

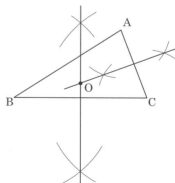

5 (1) 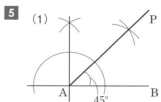　(2)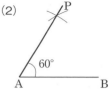

6

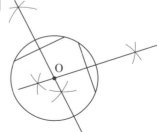

7

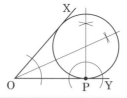

解説
1 （手順1）
点Aを中心とした円を直線ℓと交わ
るようにかく。

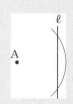

33

（手順2）
（手順1）の2つの交点をそれぞれ中心として等しい半径の円をかく。

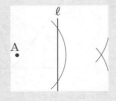

（手順3）
（手順2）の交点と点Aを通る直線をひく。

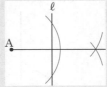

2 AからBCの延長へひいた垂線が高さである。
（手順1）
点Aを中心とした円を，辺BCを延長した直線と交わるようにかく。
（手順2）
（手順1）の2つの交点をそれぞれ中心として，等しい半径の円をかく。

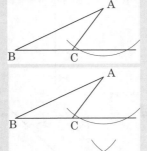

（手順3）
（手順2）の交点と点Aを通る直線をひき，辺BCの延長線と交わる点をPとする。

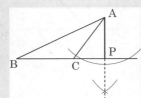

3 （手順1）
Oを中心として円をかく。
（手順2）
線分OA，OC，OBとの交点をそれぞれD，E，Fとする。

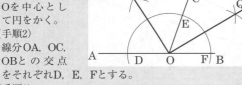

（手順3）
D，Eを中心として等しい半径の円をかき，交点をPとし，PとOを通る直線をひく。
E，Fを中心として等しい半径の円をかき，交点をQとし，QとOを通る直線をひく。

$$\angle POQ = \angle COP + \angle COQ$$
$$= \frac{1}{2}\angle AOC + \frac{1}{2}\angle BOC$$
$$= \frac{1}{2}(\angle AOC + \angle BOC)$$
$$= \frac{1}{2}\angle AOB = \frac{1}{2} \times 180° = 90°$$

4 2つの辺の垂直二等分線の交点を求めればよい。
（手順1）辺BCの垂直二等分線をひく。

（手順2）辺ACの垂直二等分線をひく。

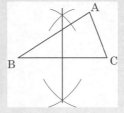

（手順3）（手順1）と（手順2）の直線の交点を点Oとする。

辺ABを利用してもよい。

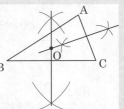

5 （1） 45°は90°の半分なので，90°（直角）の二等分線をひけばよい。
（手順1）
線分ABを延長する。
（手順2）
点Aを通る直線ABの垂線を作図する。
（手順3）
（手順2）でできた90°の角の二等分線をひく。

（2） 60°をつくるためには，正三角形を作図すればよい。
（手順1）
点Aと点Bから，それぞれ線分ABの長さを半径とする円をかく。
（手順2）
（手順1）の交点Pと点Aを通る半直線をひく。

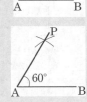

6 弦の垂直二等分線上に円の中心があることを利用する。
（手順1）
円に2つの弦をひく。
（手順2）
それぞれの弦の垂直二等分線をひく。
（手順3）
（手順2）でひいた2本の垂直二等分線の交点が円の中心Oである。

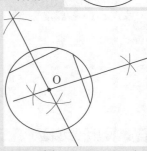

7 円の接線は接点を通る半径に垂直であることと，角の二等分線上の点は，角の2辺から等しい距離にあることを利用する。

（手順1）
点Pを通り辺OYに垂直な直線をひく。
（手順2）
∠XOYの二等分線をひく。
（手順3）
（手順1）と（手順2）の直線の交点をO'とし，O'を中心として半径O'Pの円をかく。

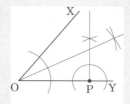

❶ (1) ∠SAO（∠OAS，∠CAD，∠DAC，∠SAC，∠CAS，∠OAD，∠DAOも可）

(2) △BQO

(3) △CQO　　(4) △BPO

❷

❸
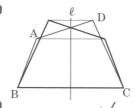

❹
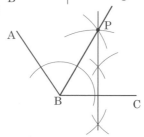

❺
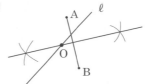

❻
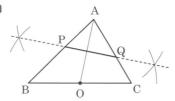

❼
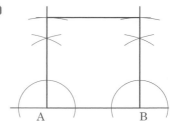

解　説

❶ (1) あの角は頂点がAで，角の2辺がAD，ACなので，1つの辺をASかAD，もう1つの辺をAOかACで

35

表す。
(2) PRを折り目として折り返して重なる三角形なので，頂点Aは頂点Bに，頂点Sは頂点Qに重なる。よって，△BQO
(3) 点Oを中心に180°回転して，辺AOは辺COに，辺SOは辺QOに，辺ASは辺CQに移るので，△CQO
(4) ∠SOP＝90°，∠AOB＝90°より，辺SOは辺POに，辺AOは辺BOに移るので，△BPO

❷ （手順1）
点A，B，Dから直線ℓに垂線をひく。

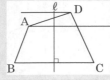

（手順2）
（手順1）の垂線と直線ℓとの交点をそれぞれP，Q，Rとし，垂線上に，AP＝EP，BQ＝FQ，CQ＝GQ，DR＝HRとなる点E，F，G，Hをとる。

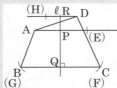

（手順3）
点E，F，G，Hを結ぶ。四角形EFGHが求める四角形である。

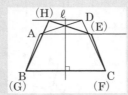

❸ ①より，∠ABCの二等分線をひく。

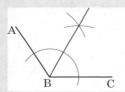

②より，線分BCの垂直二等分線をひく。

①と②でかいた2本の直線の交点が点Pである。

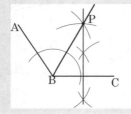

❹ 点A，Bを通る円の中心は，線分ABの垂直二等分線上にある。
（手順1）
線分ABの垂直二等分線をかく。
（手順2）
（手順1）でひいた直線と直線ℓとの交点が円の中心Oである。

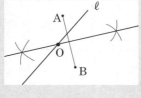

❺ 折り目となる線は，線分AOの垂直二等分線である。

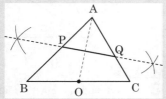

❻ （手順1）
ABを左右に延長し，A，Bを通る垂線をそれぞれひく。

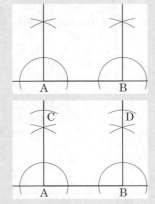

（手順2）
線分ABと同じ長さを，それぞれの垂線にコンパスでとり，点C，Dとする。

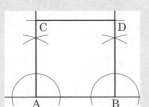

（手順3）
点CとDを通る直線をひく。

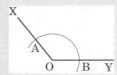

❼ （手順1）
点Oを中心として円をかき，OX，OYとの交点をA，Bとする。

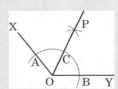

（手順2）
2点A，Bを中心として半径の等しい円を∠XOYの内部にかき，交点Pと点Oを結ぶ。

（手順3）
（手順1）の円と（手順2）の半直線OPとの交点をCとして，2点A，C，2点B，Cを中心としてそれぞれ半径の等しい円を∠XOP，∠YOPの内部にかく。

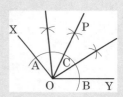

（手順4）
（手順3）でできた2つの交点と点Oを通る半直線をそれぞれひく。

角を4等分するには，まず2等分し，できた2つの角をそれぞれさらに2等分する。

1 いろいろな立体

本冊 P.72

STEP 1 要点チェック

テストの要点を書いて確認

① (1) 四角形　　(2) 8　　(3) 5

STEP 2 基本問題

本冊 P.73

1 (1) ア，イ，エ，カ，キ　　(2) ウ，ク　　(3) オ
　(4) キ

2

	側面の形	面の数	辺の数	頂点の数
正三角錐	二等辺三角形	4	6	4
正六角柱	長方形	8	18	12
正五角錐	二等辺三角形	6	10	6
円錐	曲面	2	0	1

3 名前・面の形（順不同）
　正四面体・正三角形，正六面体・正方形，
　正八面体・正三角形，正十二面体・正五角形，
　正二十面体・正三角形

解説

1 (1) 角柱，角錐，正多面体は，平面だけで囲まれている。
　(2) 円柱，円錐は底面が平面（円）で，側面は曲面になっている。
　(3) 球には平面がなく，曲面だけでできている。
　(4) 正多面体は，すべての面が合同な正多角形である。
2 **n角柱の底面はn角形で2つあり，側面はn個の長方形か正方形からできているから，**
　面の数…n＋2，辺の数…3n，頂点の数…2n
　n角錐の底面はn角形で1つであり，側面はn個の三角形からできているから，
　面の数…n＋1，辺の数…2n，頂点の数…n＋1
　円錐の頂点の数は1，底面は円，側面は曲面なので，辺はない。
3 正多面体は下の5種類しかない。面の形は覚えておくこと。

正四面体　正六面体　正八面体　正十二面体　正二十面体

STEP 3 得点アップ問題

本冊 P.74

1 イ，エ，カ
2 (1) 平面　　(2) 2　　(3) 合同　　(4) 1
　(5) 面（辺）　　(6) 曲面
3 (1) 四角錐　　(2) 六角柱　　(3) 六角柱
　(4) 五角錐　　(5) 六角錐　　(6) 八角柱
4 (1) 角柱　　(2) 四角錐　　(3) 正六角柱
5 (1) 辺の数 **ア** 3　**イ** 3　**ウ** 4　**エ** 3　**オ** 5

面の数 **ア** 3　**イ** 3　**ウ** 4　**エ** 3　**オ** 5

(2) 下の表（上から順）

ア	イ	ウ	エ	オ
正四面体	正六面体（立方体）	正八面体	正十二面体	正二十面体
正三角形	正方形	正三角形	正五角形	正三角形
4	6	8	12	20
4	8	6	20	12
6	12	12	30	30

解説

1 多面体は，平面だけで囲まれた立体である。
　正方形や台形は，平面図形であって，立体ではないので，多面体とはいわない。また，円柱，円錐，球には曲面があるので，多面体とはいわない。
2 (1) 多面体は多角形の平面だけで囲まれている立体である。
　(2) 角柱の底面は多角形で，上下に1つずつある。**底面がn角形の角柱をn角柱という。**
　(3) 正多面体は合同な正多角形で囲まれている。
　(4) **円錐の底面は円なので，底面に頂点はない。**
　(5) 正多面体の頂点には面が同じ数だけ集まり，その結果，辺も同じ数だけ集まっている。**正多面体とは，①どの面もすべて合同な正多角形で，②どの頂点にも面が同じ数だけ集まっている多面体である。**
　(6) 球には平面がなく，曲面だけからできている。
3 角柱や角錐の名称は底面の形（n角形とする）で決まる。
　(1) n＝頂点の数－1＝5－1＝4
　(2) n＝頂点の数÷2＝12÷2＝6
　(3) n＝面の数－2＝8－2＝6
　(4) n＝面の数－1＝6－1＝5
　(5) n＝辺の数÷2＝12÷2＝6
　(6) n＝辺の数÷3＝24÷3＝8
4 (1) 底面が2つあり，平行で合同な多角形より，角柱である。
　(2) 底面が四角形の角錐である。
　(3) 側面が長方形だから，角柱であるとわかる。
5 (1) 図を見なくても答えられるようにしておこう。
　　1つの頂点に集まる面の数と辺の数は同じである。
　(2) 正十二面体と正二十面体は面の形で判断しよう。
　　面の数は名称からわかる。
　　頂点の数の求め方：すべての面の頂点の数の総数を，1つの頂点に重なっている頂点の数でわる。
　　ア：1つの面の頂点の数は3，面の数は4，1つの頂点に3つの頂点が重なっているから，
　　3×4÷3＝4
　　イ：4×6÷3＝8　　　ウ：3×8÷4＝6
　　エ：5×12÷3＝20　　オ：3×20÷5＝12
　　辺の数の求め方：1つの辺を2つの面が共有しているから，すべての面の辺の数の総数を2でわる。
　　ア：1つの面にある辺の数は3，2つの面の辺が重なっているから，3×4÷2＝6
　　イ：4×6÷2＝12　　ウ：3×8÷2＝12
　　エ：5×12÷2＝30　　オ：3×20÷2＝30

2 立体の見方と調べ方

テストの**要点**を書いて確認　　本冊 P.76

① (1) 面ABCD，面EFGH

　 (2) 辺BC，辺CD，辺FG，辺GH

1 (1) 辺DF　　(2) 辺BE，辺CD

　 (3) 辺AD，辺AE，辺EF，辺DF

2 (1) **イ**　　(2) **エ**　　(3) **ア**　　(4) **ウ**

3 正十二面体

4 円錐

解 説

1 正八面体は2つの合同な正四角錐を上下に合わせた形であり，2つの合同な正四角錐を左右に合わせた形とも考えられる。すべての辺の長さは等しく，対角線が垂直に交わるので，四角形ABFD，四角形AEFCはともに正方形である。

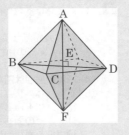

　 (1) 四角形ABFDは正方形なので，向かい合う辺は平行である。

　 (2) 四角形BCDEは正方形である。正方形の隣り合った辺は垂直に交わる。

　 (3) 辺BCと同じ平面上にない辺は，ねじれの位置にある。辺BCは，面ABC，面FBC，面BCDE上にある。これらの面にふくまれない辺を考える。

2 回転体に軸と，軸の左側の図形から軸への垂線をかき入れると，回転させた図形がわかる。（下の図参照）

(2)(3)で，中央の筒のような部分は，空洞になっていることを表す。したがって，その部分は，図形が軸から離れていることを意味する。

3 合同な正五角形の面が12ある。

4 真上から見ると円で，正面から見ると二等辺三角形だから，底面は円で，右のような錐体であることがわかる。

1 (1) 面BEF，面CFG　　(2) 面ABC，面DEFG

　 (3) 辺AD，辺BE，辺CG

　 (4) 辺BE，辺BF，辺EF

　 (5) 辺AC，辺CF，辺DG，辺FG

　 (6) 辺AB，辺FG

2 (1) ○　　(2) ×　　(3) ×　　(4) ○　　(5) ×

---

3 イ

4 (1)　　　　　(2)　　　　　(3)

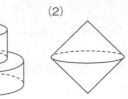 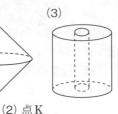

5 (1) 正六面体（立方体）　　(2) 点K

　 (3) 面MDGL，面DEFG

6 (1) 球　　(2) 三角柱　　(3) 四角錐　　(4) 四角柱

解 説

1 もとの直方体の頂点をHとする。

　 (1) AD//面BEFH より，
　　　 AD//面BEF
　　　 AD//面CHFG より，
　　　 AD//面CFG

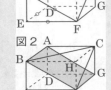

　 (2) 直方体の側面の縦の辺は底面に垂直である。よって，CG⊥面ABHC より，CG⊥面ABC，CG⊥面DEFG

　 (3) 直方体の底面は，側面の縦の辺に垂直である。面ABCは，面ABHCの一部だから，側面の縦の辺は，面ABCに垂直である。

　 (4) 直方体の1つの面に平行な辺は，その面と平行な面上にある。面ACGD//面BEFより，面BEF上の辺はすべて面ACGDに平行である。

　 (5) ねじれの位置にある辺は，平行でなく，交わらない。右の図1で，○印の辺は，辺BEと交わり，△印の辺は，辺BEと平行である。したがって，印のない4つの辺AC，辺CF，辺DG，辺FGが，辺BEとねじれの位置にある。

図1
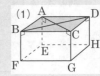

図2
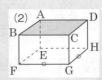

　 (6) 平面ABFGは長方形だから，BF⊥AB，BF⊥FG（図2）

2 空間内の面や直線の位置関係は，直方体で考えるとわかりやすい。

直方体ABCD-EFGH で考える。

　 (1) 面ABCDに垂直な直線AE，BF，CG，DHはすべて平行である。（直方体の高さになる。）

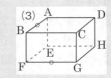

　 (2) 面ABCD//FG，面ABCD//GHであるが，FGとGHは平行ではない。

　 (3) 辺ABと辺FGとは交わらないが，平行ではなく，ねじれの位置にある。

(4) 1つの直線に垂直な2つの平
面によって切り取られた
直線（線分）は，平面の間
の距離を表す。
面ABCD⊥BF，
面EFGH⊥BF
よって，面ABCD//面EFGH

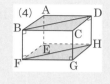

(5) 辺BF//面AEHD，
辺BF//面CDHGであるが，
面AEHDと面CDHGは平
行ではない。

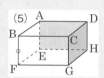

3 回転体に，回転の軸と，軸への垂
線をかき加えるとわかる。くびれ
た部分は軸についていないので，
ウと間違えないようにする。

4 回転させる前の平面図形で軸について対称な図形をか
き，対応する頂点をなめらかな曲線で結ぶ。見えない
部分は点線でかく。
(1) 円柱を重ねた立体になる。
(2) 底面が同じ円錐を2つ合わせた立体になる。
(3) 大きい円柱から小さい円柱をくりぬいた形にな
る。軸から離れているところは円柱の形をした空
洞になる。

5 (1)〜(3) 組み立てると下の左の図のようになる。ま
た，展開図で考えると，右の図で，**線で結んだ頂点が
重なる。**

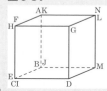 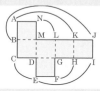

6 **真上から見た図が底面の形になる。**
(1) 真上から見ても正面から見ても円に見えるから球
である。
(2) 底面は三角形，側面は長方形である。
(3) 底面は四角形，側面は三角形である。
(4) 底面は台形（四角形），側面は長方形である。

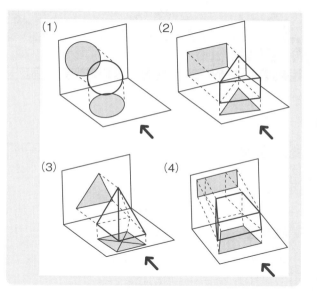

3 立体の体積と表面積

テストの要点を書いて確認　　本冊 P.80

① (1) $12\pi\,\text{cm}^3$　　(2) $15\pi\,\text{cm}^2$　　(3) $9\pi\,\text{cm}^2$

　　(4) $24\pi\,\text{cm}^2$

　　本冊 P.81

1 (1) $30\,\text{cm}^3$　　(2) $360\,\text{cm}^3$

2 (1) $84\pi\,\text{cm}^2$　　(2) $448\,\text{cm}^2$　　(3) $160\,\text{cm}^2$

3 体積 $27\pi\,\text{cm}^3$，表面積 $36\pi\,\text{cm}^2$

解 説

1 (1)（角錐の体積）$=\dfrac{1}{3}\times$（底面積）$\times$（高さ）

$$=\dfrac{1}{3}\times(3\times5)\times6$$
$$=30\,(\text{cm}^3)$$

(2) 上底6cm，下底9cm，高さ8cmの台形を底面とする四角柱である。
（角柱の体積）＝（底面積）×（高さ）
$$=\left\{\dfrac{1}{2}\times(6+9)\times8\right\}\times6$$
$$=360\,(\text{cm}^3)$$

2 (1)（円錐の表面積）
＝（底面積）＋（側面積）
側面のおうぎ形の中心角を$a°$とすると，

$$2\pi\times8\times\dfrac{a}{360}=2\pi\times6$$
$$\dfrac{a}{360}=\dfrac{2\pi\times6}{2\pi\times8}$$
$$=\dfrac{3}{4}$$

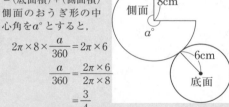

（底面積）$=\pi\times6^2=36\pi\,(\text{cm}^2)$

（側面積）$=\pi\times8^2\times\dfrac{3}{4}=48\pi\,(\text{cm}^2)$

（表面積）$=36\pi+48\pi=84\pi\,(\text{cm}^2)$

(2)（角柱の表面積）
＝（底面積）×2
　＋（側面積）
$=8\times8\times2+10$
　$\times(8\times4)$
$=128+320$
$=448\,(\text{cm}^2)$

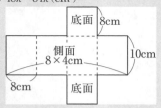

(3)（底面積）
$=4\times4=16\,(\text{cm}^2)$
（側面積）$=8\times(4\times4)=128\,(\text{cm}^2)$
（表面積）$=16\times2+128=160\,(\text{cm}^2)$

3 （球の体積）$=\dfrac{4}{3}\pi\times$（半径）^{3}

求める体積は，球の$\dfrac{3}{4}$だから，

$$\dfrac{4}{3}\pi\times3^3\times\dfrac{3}{4}=27\pi\,(\text{cm}^3)$$

（球の表面積）$=4\pi\times$（半径）^{2}

図で，曲面は，球の$\dfrac{3}{4}$，切り口は，半径3cmの半円2つ分だから，

$$4\pi\times3^2\times\dfrac{3}{4}+\pi\times3^2\div2\times2=27\pi+9\pi$$
$$=36\pi\,(\text{cm}^2)$$

ミス注意！
表面積では，切り口の半円2つ分（円1つ分）の面積を加えることを忘れないようにする。

　　本冊 P.82

1 (1) $117.5\pi\,\text{cm}^3$　　(2) $120°$　　(3) $75\pi\,\text{cm}^2$

　　(4) $100\pi\,\text{cm}^2$

2 (1) 体積 $8\pi\,\text{cm}^3$，表面積 $(10\pi+32)\,\text{cm}^2$

　　(2) 体積 $12\,\text{cm}^3$，表面積 $36\,\text{cm}^2$

　　(3) 体積 $180\,\text{cm}^3$

3 (1) 体積 $192\,\text{cm}^3$，表面積 $208\,\text{cm}^2$

　　(2) 体積 $60\,\text{cm}^3$，表面積 $132\,\text{cm}^2$

4 (1) $\dfrac{325}{3}\pi\,\text{cm}^3$　　(2) $210\pi\,\text{cm}^3$　　(3) $\dfrac{272}{3}\pi\,\text{cm}^3$

5 $8\,\text{cm}$

解 説

1 (1)（円錐の体積）$=\dfrac{1}{3}\times$（底面積）$\times$（高さ）
$$=\dfrac{1}{3}\times25\pi\times14.1=117.5\pi\,(\text{cm}^3)$$

(2) 中心角を$a°$とすると，
$$2\pi\times15\times\dfrac{a}{360}=2\pi\times5$$
$$\dfrac{a}{360}=\dfrac{5}{15}=\dfrac{1}{3}$$
$$a=120$$

(3) $\pi\times15^2\times\dfrac{120}{360}=75\pi\,(\text{cm}^2)$

(4) $\pi\times5^2+75\pi=100\pi\,(\text{cm}^2)$

2 (1) 底面は半径2cmの円の$\dfrac{1}{4}$だから，底面積は，

$$\pi\times2^2\times\dfrac{1}{4}=\pi\,(\text{cm}^2)$$

よって，体積は
$\pi\times8=8\pi\,(\text{cm}^3)$
また，底面の曲線の長さは，

$$2\pi\times2\times\dfrac{1}{4}=\pi\,(\text{cm})$$

よって，表面積は，

$$\left(\pi\times2^2\times\dfrac{1}{4}\right)\times2+8\times(2+2+\pi)$$
$$=2\pi+32+8\pi$$
$$=10\pi+32\,(\text{cm}^2)$$

ミス注意！
柱体の表面積を求めるとき，底面積を2倍することを忘れないようにする。

(2)

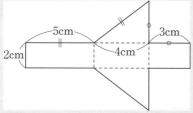

直角三角形を底面とする，高さ2cmの角柱である。

（体積）

$= (底面積) \times (高さ)$

$= \left(\dfrac{1}{2} \times 4 \times 3\right) \times 2$

$= 12 (\text{cm}^3)$

（表面積）$= (底面積) \times 2 + (側面積)$

$= \left(\dfrac{1}{2} \times 4 \times 3\right) \times 2 + 2 \times (5 + 4 + 3)$

$= 12 + 24$

$= 36 (\text{cm}^2)$

(3) 高さ15cmの三角形を底面とすると，

$(体積) = \dfrac{1}{3} \times (底面積) \times (高さ)$

$= \dfrac{1}{3} \times \left(\dfrac{1}{2} \times 6 \times 15\right) \times 12$

$= 180 (\text{cm}^3)$

3 (1) 右の図のような四角柱
となる。

（体積）$= (4 \times 6) \times 8$

$= 192 (\text{cm}^3)$

（表面積）$= (4 \times 6) \times 2$

$+ 8 \times \{(4 + 6) \times 2\}$

$= 48 + 160$

$= 208 (\text{cm}^2)$

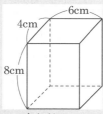

(2) 底面は前問の **2** (2)と同じで，高さが10cmの三
角柱である。

（体積）$= \left(\dfrac{1}{2} \times 4 \times 3\right) \times 10$

$= 60 (\text{cm}^3)$

（表面積）$= \left(\dfrac{1}{2} \times 4 \times 3\right) \times 2 + 10 \times (5 + 4 + 3)$

$= 12 + 120$

$= 132 (\text{cm}^2)$

4 (1) 回転体は，底面が同じ円の円錐を合わせた形にな
る。

（体積）$= (上の円錐の体積)$

$+ (下の円錐の体積)$

$= \dfrac{1}{3} \times \pi \times 5^2 \times 5 + \dfrac{1}{3} \times \pi$

$\times 5^2 \times 8$

$= \dfrac{1}{3} \pi \times 25 \times 13$

$= \dfrac{325}{3} \pi (\text{cm}^3)$

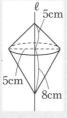

(2) 回転体は，底面の半
径5cmの円柱から，
底面の半径2cmの円
柱をくりぬいた立体
である。

（体積）

$= \pi \times (3 + 2)^2 \times 10$

$- \pi \times 2^2 \times 10$

$= 250\pi - 40\pi$

$= 210\pi (\text{cm}^3)$

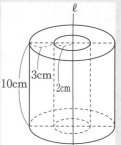

(3) 回転体は，円柱の上
に半球がのった立体
である。

（半球の体積）

$= \dfrac{4}{3} \pi \times 4^3 \times \dfrac{1}{2}$

$= \dfrac{128}{3} \pi (\text{cm}^3)$

よって，求める体積
は，

$\pi \times 4^2 \times 3 + \dfrac{128}{3} \pi = \dfrac{272}{3} \pi (\text{cm}^3)$

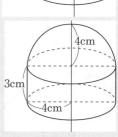

5 図2の容器は，底面の半径4cm，高さ30cmの円錐だか
ら，容積は，

$\dfrac{1}{3} \times \pi \times 4^2 \times 30 = 160\pi (\text{cm}^3)$

5回注ぐと，$160\pi \times 5 = 800\pi (\text{cm}^3)$

図1の容器の底面積は，$\pi \times 10^2 = 100\pi (\text{cm}^2)$

よって，水の高さは，

$800\pi \div 100\pi = 8 (\text{cm})$

❶ (1) 辺AB，辺DC，辺HG

(2) 面ABCD，面EFGH　　(3) 辺AE，辺DH

(4) 辺BF，辺CG，辺EF，辺HG，辺FG

❷ 右の図

❸ 36cm³

❹ 125πcm³

❺ 48cm²

❻ (1) 20cm

(2) 125πcm²

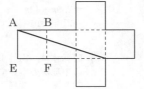

❸ 正四角錐の底面積は，右の図より，

$6×6÷2=18(cm^2)$

高さは6cmだから，求める体積は，

$\dfrac{1}{3}×18×6=36(cm^3)$

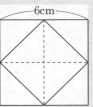

❹ 回転体は，右の図のような，円柱から円錐をくりぬいた形になる。

求める体積は，

$π×5^2×6-\dfrac{1}{3}×π×5^2$

$×(6-3)$

$=150π-25π$

$=125π(cm^3)$

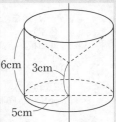

❺ 立体ア　　立体イ

△ABE＝△ADE

△ACF＝△ADF

△ABC＝△DEF

△AEF＝△AEF

これより，2つの立体の表面積は，アが長方形BEFC の分だけ大きい。

BC＝6cm，BE＝8cmより，求める表面積の差は，

$8×6=48(cm^2)$

❻ (1) 円錐の母線の長さを$x$cmとすると，右の図の円Oの半径は$x$cmである。

円錐の底面の円周は，

$2π×5=10π(cm)$

よって，円Oの周の長さは，$10π×4=40π(cm)$

円Oの周の長さは，$2π×x(cm)$でもあるから，

$2πx=40π$

$x=20$

したがって，円錐の母線の長さは，20cm

(2) 円錐の側面積は，円Oの面積の$\dfrac{1}{4}$である。

よって，求める表面積は，

$π×5^2+π×20^2×\dfrac{1}{4}=25π+100π$

$=125π(cm^2)$

解 説

❶ 立体は，EF//HGの台形を底面とする四角柱で，側面はすべて長方形である。

(1) 面ABFEは長方形だから，EF//AB

面EFGHは台形だから，EF//HG

断面EFCDも台形になるから，EF//DC

(2) 角柱の高さにあたる辺は，底面に垂直である。

(3) 辺AE，辺DHは，どこまでのばしても，平面BFGCに交わらない。

ミス注意！

面BFGCは，底面に垂直な面なので，底面に垂直な辺AE，辺DHは面BFGCと平行だが，面AEHDと面BFGCは平行ではないから，辺AD，辺EHは，面BFGCに平行ではない。

(4) 辺AB，辺BC，辺CD，辺AE，辺EH，辺DHは，辺ADと同じ平面上にある。これ以外の辺が辺ADと平行でもなく，交わりもしないので，ねじれの位置にある。

❷ 展開図に，立体の頂点の記号を書き込んでみる。

辺BF，辺CGを通って，AとHを結ぶ線分になる。

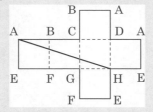

ミス注意！

この問題では，ひもは，展開図上で1本の線分になっているが，展開図の形によっては，線がつながっていない場合があるので気をつける。展開図に，頂点の記号を書き入れて，確認すること。

例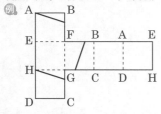

1 データの活用①

STEP 1 要点チェック

テストの要点を書いて確認　　　本冊 P.86

① (1) 累積度数

　(2) 累積相対度数

STEP 2 基本問題　　　本冊 P.87

1 (1) 5kg

　(2) 0.125

　(3) 35kg以上
　　　40kg未満
　　　(の階級)

　(4) 10人

　(5) 40kg以上
　　　45kg未満
　　　(の階級)

　(6) 右の図

2 (1) ア　17, イ　0.40, ウ　0.85

　(2) 8.0秒以上8.5秒未満(の階級)

解説

1 (1) 階級の幅は区間の幅だから, $35-30=5$ (kg)

　(2) 相対度数 $=\dfrac{(その階級の度数)}{(度数の合計)}$ より,

　　　$\dfrac{5}{40}=0.125$

　(3)「以上」はその数をふくむから, 35kgは35kg以上
　　　40kg未満の階級に入る。

　(4) $3+7=10$ (人)

　(5) 45kg以上の人は $11+5=16$ (人)
　　　40kg以上の人は $14+16=30$ (人)
　　　よって, 重いほうから数えて20番目の生徒は40kg
　　　以上45kg未満の階級に入っている。

　(6) ヒストグラムは, **階級の幅を底辺, 度数を高さと**
　　　する長方形をかく。縦の1目もりは2人であるこ
　　　とに注意する。
　　　度数折れ線は, 両端に高さ0の長方形があるもの
　　　として, 各長方形の上の辺の中点を結んだ折れ線
　　　をかく。

2 (1) 最小の階級から順にたしていく。
　　　ア　$3+5+9=17$
　　　イ　$0.15+0.25=0.40$
　　　ウ　$0.15+0.25+0.45=0.40+0.45$
　　　　　$=0.85$

　(2) 8.0秒以上8.5秒未満の階級には, 速いほうから4番
　　　目から8番目の生徒が入る。

STEP 3 得点アップ問題　　　本冊 P.88

1 (1) 5cm

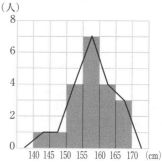

　(2) ア　$150\sim155$

　　　イ　7

　　　ウ　4

　　　エ　0.20

　　　オ　0.35

　　　カ　0.15

　(3) 145cm以上
　　　150cm未満
　　　(の階級)

　(4) 7人

　(5) 右の図

2 (1)

通学時間

階級（分）以上　未満	度数（人）	相対度数	累積度数（人）	累積相対度数
$0\sim10$	1	0.02	1	0.02
$10\sim20$	18	0.36	19	0.38
$20\sim30$	15	0.30	34	0.68
$30\sim40$	9	0.18	43	0.86
$40\sim50$	5	0.10	48	0.96
$50\sim60$	2	0.04	50	1.00
合計	50	1.00		

　(2) 34人　　(3) 86%　　(4) 14%

　(5) 20分以上30分未満(の階級)

解説

1 (1) $145-140=5$ (cm)

　(2) ア…アの1つ上の階級が150cm未満まで, 1つ下
　　　の階級が155cm以上だから, 150cm以上〜155cm
　　　未満になる。
　　　ウ…$20\times0.20=4$ (人)
　　　イ…$20-(1+1+4+4+3)=7$ (人)
　　　エ…$4\div20=0.20$
　　　オ…イが7人だから, $7\div20=0.35$
　　　カ…$3\div20=0.15$

　(3)「以上」はその数をふくむから, 145cm以上150cm
　　　未満の階級に入る。

　(4) ウ$+3=4+3=7$ (人)

　(5) 柱状グラフ(ヒストグラム)は, 階級の幅を底辺,
　　　度数を高さとする長方形をかく。
　　　度数折れ線は, 両端に高さ0の長方形があるもの
　　　として, 各長方形の上の辺の中点を結んだ折れ線
　　　をかく。

2 (1) 10分以上20分未満の階級までの累積度数は, 0分
　　　以上10分未満の階級の度数1人に, 10分以上20分
　　　未満の階級の度数18人を加えて, $1+18=19$ (人)
　　　20分以上30分未満の階級までの累積度数は, 10分
　　　以上20分未満の階級までの累積度数19人に, 20分
　　　以上30分未満の階級の度数15人を加えて,
　　　$19+15=34$ (人)
　　　10分以上20分未満の階級までの累積相対度数は,
　　　0分以上10分未満の階級の相対度数0.02に, 10分
　　　以上20分未満の階級の相対度数0.36を加えて,
　　　$0.02+0.36=0.38$
　　　20分以上30分未満の階級までの累積相対度数は,

10分以上20分未満の階級までの累積相対度数0.38に，20分以上30分未満の階級の相対度数0.30を加えて，0.38 + 0.30 = 0.68
(2) 20分以上30分未満の階級までの累積度数より34人。
(3) 通学時間が40分未満の生徒の割合は，通学時間が30分以上40分未満の階級までの累積相対度数である。
0.86だから，86%
(4) 1 - 0.86 = 0.14
(5) 20分未満は19人，30分未満は34人いる。

2 データの活用②，データにもとづく確率

STEP 1 要点チェック

テストの 要点 を書いて確認　　　　　本冊 P.90

① (1)（分布の）範囲　　(2) 最頻値　　(3) 中央値

② (1) 60点以上70点未満（の階級）

　　(2) 65点

STEP 2 基本問題　　　　　　　　　　本冊 P.91

1 (1) 52kg　　(2) 50kg　　(3) 60kg

2 例 75kg以上の生徒はいない。

3 (1) 0.162　　(2) およそ0.16

解説

1 (1)（平均値）＝ $\dfrac{\{(階級値 \times 度数) の合計\}}{(度数の合計)}$

　　　= (40 × 8 + 50 × 10 + 60 × 11 + 70 × 1) ÷ 30
　　　= 51.6… より，52kg

(2) 中央値はデータを小さい順に並べたときの中央の値で，データが30人と偶数個なので，15番目と16番目の値の平均になる。15番目と16番目は両方とも45kg以上55kg未満の階級に入っているから，階級値は，(45 + 55) ÷ 2 = 50(kg)

(3) 最頻値は度数のもっとも多い階級の階級値だから，55kg以上65kg未満の階級で，階級値は，(55 + 65) ÷ 2 = 60(kg)

2 例 45kg以上65kg未満の生徒が，クラスの70%いる。など

3 (1) 81 ÷ 500 = 0.162

(2) 相対度数を確率と考える。投げた回数が多くなるにつれて，1の目が出る相対度数は0.16に近い値になっている。

STEP 3 得点アップ問題　　　　　　本冊 P.92

1 (1) 40点　　(2) 76.2点　　(3) 77.5点

2 (1) 30分　　(2) 9人　　(3) 75分

　　(4) 35人　　(5) 78分

3 (1) 1組…14.3m，2組…15.8m

(2) 2組

　　理由　例 2組のほうが16m以上投げた人が多いから。

4 (1)

ペットボトルのキャップを投げた回数(回)	50	100	200	500	800	1000
表が出た回数(回)	29	52	107	279	438	551
表が出る相対度数	0.58	0.52	0.54	0.56	0.55	0.55

(2) およそ0.55

解説

1 データを小さい順に並べると，次のようになる。
52, 64, 66, 70, 75, 80, 85, 88, 90, 92(点)
(1) データの範囲＝（データの最大値）－（データの最小値）= 92 - 52 = 40(点)

(2) $(52＋64＋66＋70＋75＋80＋85＋88＋90＋92)÷10$
　　$＝76.2$(点)

(3) 10個のデータのまん中の値だから，5番目と6番目の値の平均をとって，$(75＋80)÷2＝77.5$(点)

2 (1) 階級の幅は，グラフの長方形の底辺の幅である。
　　$30－0＝30$(分)

(2) 0分以上30分未満が3人，30分以上60分未満が6人だから，
　　$3＋6＝9$(人)

(3) いちばん度数が大きい階級の階級値だから，60分以上90分未満の階級で，階級値は，
　　$(60＋90)÷2＝75$(分)

(4) 各長方形の高さを読み取って，その値を加える。
　　$3＋6＋13＋10＋3＝35$(人)

(5) $(平均値)＝\dfrac{\{(階級値×度数)の合計\}}{(度数の合計)}$
　　$＝(15×3＋45×6＋75×13＋105×10＋135×3)÷35$
　　$＝78.4…$より，78分

3 (1) 1組の平均値は，
　　$(9×1＋11×4＋13×6＋15×3＋17×3＋19×2＋21×1)÷20＝14.3$(m)
　　2組の平均値は，
　　$(11×2＋13×3＋15×5＋17×6＋19×3＋21×1)÷20＝15.8$(m)

(2) 例最頻値に注目すると，1組の最頻値は13m，2組の最頻値は17mだから，2組のほうが，遠くへ投げた人が多いといえる。など

4 (1) $(相対度数)＝\dfrac{(表が出た回数)}{(キャップを投げた回数)}$で求める。

　　$\dfrac{29}{50}＝0.58$

　　$\dfrac{52}{100}＝0.52$

　　$\dfrac{107}{200}＝0.535$より，0.54

　　$\dfrac{279}{500}＝0.558$より，0.56

　　$\dfrac{438}{800}＝0.5475$より，0.55

　　$\dfrac{551}{1000}＝0.551$より，0.55

(2) ペットボトルのキャップを投げた回数が多くなるにつれて，およそ0.55に近づくことがわかる。

❶ (1) 8g　　(2) 49.6g　　(3) 49.5g

❷ (1) ア…0.05　　イ…0.25　　ウ…0.15
　　　エ…3　　オ…2　　カ…0.10

(2) 3kg

(3) 45kg以上48kg未満(の階級)

(4) 31.5kg

(5) 11人

❸ (1) 19m

(2) 例 全体の度数が異なっているため。

(3) 例 B中学校のほうがグラフの山が全体的に右にあるから。

❹ (1) 0.46　　(2) 裏

解 説

❶ データを小さい順に並べると，次のようになる。
　45　48　48　48　49　50　51　52　52　53　(単位：g)

(1) $(データの範囲)＝(データの最大値)－(データの最小値)$
　　$＝53－45＝8$(g)

(2) $(45＋48×3＋49＋50＋51＋52×2＋53)÷10＝49.6$(g)

(3) 10個のデータのまん中の値だから，5番目と6番目の値の平均をとって，$(49＋50)÷2＝49.5$(g)

❷ $(相対度数)＝\dfrac{(その階級の度数)}{(度数の合計)}$

(1) ア…$1÷20＝0.05$
　　イ…$5÷20＝0.25$
　　ウ…$3÷20＝0.15$
　　エ…$20×0.15＝3$
　　　（相対度数がウと等しいことからも，エ＝3とわかる。）
　　オ…$20－(1＋2＋5＋3＋2＋3＋2)＝2$
　　カ…$2÷20＝0.10$
　　　（度数が同じ2の階級の相対度数に等しい。）

ミス注意!
相対度数は，計算ミスをしないように気をつける。相対度数の合計が1になるか，確認する。

(2) 階級の幅は区間の幅だから，$27－24＝3$(kg)

(3) 45kg未満は45kgをふくまず，45kg以上は，45kgをふくむ。

(4) 度数がいちばん多い階級の階級値であるから，
　　$(30＋33)÷2＝31.5$(kg)

(5) $1＋2＋5＋3＝11$(人)

❸ (1) $(平均値)＝\dfrac{\{(階級値×度数)の合計\}}{(度数の合計)}$
　　$＝(12.5×40＋17.5×80＋22.5×60＋27.5×20)÷200＝19$(m)

(2) 全体の度数が異なるデータを比較するときは，度数の代わりに，度数の合計に対する割合，つまり相対度数を用いるとよい。

(3) 2つのグラフの形や位置に注目する。

❹ (1) $\dfrac{461}{1000}＝0.461$より，0.46

(2) 1000回投げたとき，表が461回出たから，裏は，$1000－461＝539$(回)出たことがわかる。

メモ